高职高专艺术设计专业规划教材·视觉传达

BOOK
BINDING
AND TYPESETTING

书籍装帧
与排版技术

张文鹏　胡萍　等编著

中国建筑工业出版社

图书在版编目（CIP）数据

书籍装帧与排版技术 /张文鹏，胡萍等编著. —北京：中国建筑工业出版社，2015.3
高职高专艺术设计专业规划教材·视觉传达
ISBN 978-7-112-17898-8

I.①书… II.①张…②胡… III.①书籍装帧–中等专业学校–教材②排版–中等专业学校–教材 IV.①TS881②TS812

中国版本图书馆CIP数据核字（2015）第047821号

《书籍装帧与排版技术》是视觉传达系列教材之一，遵循此系列教材编写的指导思想与原则，打破以往教材的编写体式，按照书籍产品分类，依据由简入难的原则，设置了"单色书籍内页设计与排版"、"四色书籍内页设计与排版"、"平装书设计与制作"、"精装书设计与制作"四个项目单元。

本教材介绍了书籍设计和版式设计的基础知识，强化实际操作环节，重点讲解 Adobe InDesign 软件制作书籍的应用方法，并且增加了印刷与印后加工的知识讲解。将设计创意与软件应用相结合，将印前制作与印后加工相结合，较为完整地讲解了书籍的设计与制作过程。

本教材主要针对初学者使用，选用了学生设计与制作的书籍作品作为案例，并在配发光盘中，收纳了课件与视频资料，供学生与教师参考。本教材可作为高职高专院校艺术设计专业的教材或参考书，也可作为包装工程、印刷工程等专业了解书籍装帧与排版技术的实用参考书。

责任编辑：李东禧　唐　旭　陈仁杰　吴　绫
责任校对：李欣慰　党　蕾

高职高专艺术设计专业规划教材·视觉传达
书籍装帧与排版技术
张文鹏　胡萍　等编著
*
中国建筑工业出版社出版、发行（北京西郊百万庄）
各地新华书店、建筑书店经销
北京嘉泰利德公司制版
北京缤索印刷有限公司印刷
*
开本：787×1092毫米　1/16　印张：9¼　字数：221千字
2015年5月第一版　2015年5月第一次印刷
定价：**63.00**元（含光盘）
ISBN 978-7-112-17898-8
（27153）

"高职高专艺术设计专业规划教材·视觉传达" 编委会

总 主 编：魏长增

编 委：（按姓氏笔画排序）

王 威	王 博	牛 津	兰 岚	孙 哲	
张文鹏	张绍江	张 洁	张 焱	李 洁	
李 晨	李 井	谷 丽	庞 素	胡 萍	
赵士庆	郭早早	贾 辉	勒鹤琳	潘 森	
樊佩奕					

序

2013 年国家启动部分高校转型为应用型大学的工作，2014 年教育部在工作要点中明确要求研究制订指导意见，启动实施国家和省级试点。部分高校向应用型大学转型发展已成为当前和今后一段时期教育领域综合改革、推进教育体系现代化的重要任务。作为应用型教育最基层的众多高职、高专院校也会受此次转型的影响，将会迎来一段既充满机遇又充满挑战的全新发展时期。

面对众多研究型高校转型为应用型大学，高职、高专作为职业技术的代表院校为了能够更好地迎接挑战，必须努力提高自身的教学水平，特别要继续巩固和加强对学生操作技能的培养特色。但是，当前职业技术院校艺术设计教学中教材建设滞后、数量不足、种类不多、质量不高的问题逐渐显露出来。很多职业院校艺术类教材只是对本科教材的简化，而且均以理论为主，几乎没有相关案例教学的内容。这是一个很大的问题，与当前学科发展和宏观教育发展方向是有出入的。因此，编写一套能够符合时代发展需要，真正体现高职、高专艺术设计教学重动手能力培养、重技能训练，同时兼顾理论教学，深入浅出、方便实用的系列教材就成为了当务之急。

本套教材的编写对于加快国内职业技术院校艺术类专业教材建设、提升各院校的教学水平有着重要的意义。一套高水平的高职、高专艺术类教材编写应该有别于普通本科院校教材。编写过程中应该重点突出实践部分，要有针对性，在实践中学习理论，避免过多的理论知识讲授。本套教材邀请了众多教学水平突出、实践经验丰富、专业实力雄厚的高职、高专从事艺术设计教学的一线教师参加编写。同时，还吸纳很多企业一线工作人员参加编写，这对增加教材的实用性和实效性将大有裨益。

本套教材在编写过程中力求将最新的观念和信息与传统知识相结合，增加全新案例的分析和经典案例的点评，从新时代的角度探讨了艺术设计及相关的概念、方法与理论。考虑到教学的实际需要，本套教材在知识结构的编排上力求做到循序渐进、由浅入深，通过大量的实际案例分析，使内容更加生动、易懂，具有深入浅出的特点。希望本套教材能够为相关专业的教师和学生提供帮助，同时也为从事此专业的从业人员提供一套较好的参考资料。

目前，国内高职、高专艺术类教材建设还处于起步阶段，还有大量的问题需要深入研究和探讨。由于时间紧迫和自身水平的限制，本套教材难免存在一些问题，希望广大同行和学生能够予以指正。

总主编　魏长增
2014 年 8 月

前　言

　　书籍是人类文明和智慧的结晶，记载着人类发展的历程，传承了人类思想和文化。书籍在漫长的发展过程中，随着社会与生产力的发展，展现出不同的面貌，其使用的材料、装订方式各具特色，并且逐渐形成了独特的民族风格和审美意识，因此，书籍不仅仅是学习的工具，更是具有审美特征的艺术品。而书籍装帧就是研究这种艺术的学科门类，希望通过对文字、图像、版式、印刷、装订等设计与工艺的研究，能够给予读者便捷的阅读方式、良好的审美感受，提升书籍附加的艺术价值。

　　书籍装帧被归纳在平面设计门类之中，属于视觉传达范畴之内。本教材遵循此系列教材编写的指导思想与原则，打破以往教材的编写体式，按照书籍产品分类，依据由简入难的原则，设置了四个项目。每个项目以模拟的工作任务为中心，扩展为项目任务、重点与难点、项目制作、项目小结、课后练习等环节。本教材尽量避免过多空洞的理论讲授，强化实际操作环节，重点讲解 Adobe InDesign 软件制作书籍的应用方法，并且增加了印刷与印后加工的知识讲解。将设计创意与软件应用相结合、将印前制作与印后加工相结合，较为完整地讲解了书籍的设计与制作过程。使学生能够依据教材制作出书籍样本，达到较好的学习效果。本教材以市场应用为基础，放弃了一些华而不实的"概念书"设计，尽量贴近学生视角，参照初学者的基础，选用了学生设计与制作的书籍作品作为案例，详细讲解其制作过程，并在配发光盘中，收纳了课件与视频资料，供学生与教师参考。

　　本书由天津现代职业技术学院教师张文鹏编写，同校教师胡萍与南开大学滨海学院教师郭早早参与编写。由于教学需要，在此谨向所选用图片的设计者和提供案例作品的同学们表示感谢，部分外文书籍的设计图片由于不便于查找设计者姓名，未能标注，请予以谅解。由于本书编者学识有限，难免有疏漏和讹误，恳请同行专家和广大读者给予批评指正。希望大家不吝赐教，以便在今后修订过程中加以完善。

目　录

概　述

　　书籍是在一定的承载物上，使用文字、图像和符号等方法，记录各种信息，表达作者思想感情，并且装订成卷册的著作物（图0-1）。它是传播各种知识、思想的工具，传承各类文化的载体。书籍在狭义上是指以纸张作为承载物，以书写或印刷作为手段，多页面的文字和图像的集合；广义上是指各种传播图文信息的媒体。它随着历史的发展，在记录方式、装帧工艺，以及外观形态方面，也在不断变化与更新。近年来，随着电脑与手机的广泛应用，电子书快速发展，使得书籍的阅读方式发生了本质改变（图0-2）。

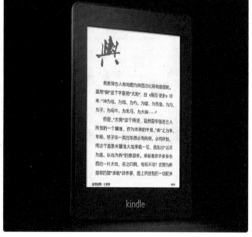

图 0-1　　　　　　　　　　　　　　　　图 0-2

　　1. 书籍装帧的概念

　　"装帧"一词是舶来词，由日本引入中国不过一百年，但"装"一字自古与书籍关系紧密，如装订、装裱、装潢等。装裱是制作书画卷轴装的一种古老的工艺方法，其用纸粘贴在书画背部，用绫锦镶嵌在书画四周，用来保护书画不受损伤（图0-3）。"装潢"一词出现在东汉《释名》中，曰："潢，染纸也"。在南北朝《齐民要术》中详细解释了"入潢"，古人是把黄檗榨出汁液，调入清水，将纸放入此水中，取出晒干后可防虫蛀蚀。因此"装"为"装订"，"潢"为"入潢"。"帧"一字解释为画幅，或画幅数量相关的意思。因此"装帧"一词是指对若干画幅、页面或书帖的装订、修整，并附着封面、函套等保护部分，便于读者阅读，并起到美化、宣传的作用（图0-4）。

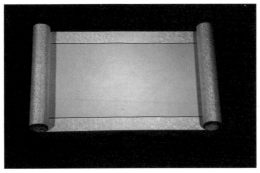

图 0-3   图 0-4

2. 书籍分类

中国古代就有书籍的分类方法，所谓四部分类法，即经、史、子、集，这种方法适用于传统文化的典籍，但它并不全面，存在一定的缺陷。五四运动以来，我国开始借鉴西方的图书分类法，随着现代书籍市场的兴起，各个卖场自身又形成了销售分类的方法，因此书籍分类方法是丰富的、多元化的。在书籍装帧中通常可分为平装书（图 0-5）、精装书（图 0-6）两大类。此外还可根据学科、题材、装订方式等进行分类：

1）按学科分类，例如文学、艺术、体育等（图 0-7~ 图 0-9）。

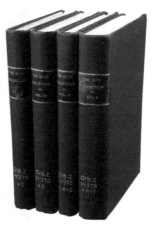

图 0-5   图 0-6

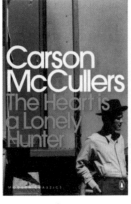
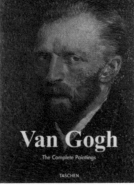

图 0-7   图 0-8   图 0-9

2）按题材分类，例如小说、传记、诗歌等（图 0-10~图 0-12）。

3）按装订方式分类，例如无线胶订、骑马订、锁线订等（图 0-13~图 0-15）。

在分类之后，我们可以观察出不同学科、题材的设计风格差异较大，对比下列两张书籍封面（图 0-16、图 0-17），可以得出以下结论：

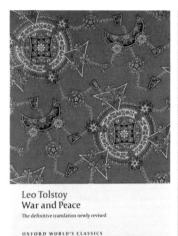

图 0-10

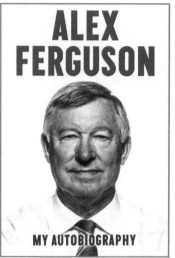

图 0-11

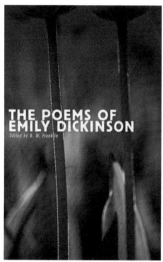

图 0-12

图 0-13

图 0-14

图 0-15

图 0-16

图 0-17

图 0-16 为教材类书籍,版式均衡、色调统一、版面率低;图 0-17 为少儿类书籍,版式活泼、色彩丰富、版面率高。因此,在书籍设计中,准确地把握市场上各种类型书籍的设计风格、把握各种读者群体的审美习惯十分重要。一本书的设计只有符合市场需求,才能经过市场长期检验,才能得到广泛认可。

3. 书籍设计工作任务

书籍设计者的工作岗位隶属于设计部,工作任务主要是按照客户的要求进行方案设计,进行开本、封面、内页等印前设计,并对使用材料和印刷工艺进行选择。在设计和制作样本过程中,需要使用电脑、扫描仪、打印机、装订机等设备。

4. 书籍设计工作流程(图 0-18)

1)通过沟通明确设计任务

(1)与作者(编辑)、设计师(设计主管)共同探讨书的内容思想,明确读者群定位、市场定位,了解作者(编辑)期望的设计意向。

(2)进行市场调查,寻找同类产品的设计风格、工艺规律,提供给作者(编辑)意向方案。

2)通过沟通制定初期计划

(1)依据定位读者群体、成本规划、主题思想、风格倾向等因素制定相应的设计意向,寻找视觉语言的表达。

(2)方案草图设计,并与作者(编辑)反复探讨实际可行性,初步取得认可。

(3)制定相关的时间计划,充分考虑印刷与印后加工时间。

3)通过软件设计封面与内页

(1)视觉表达,进行视觉语言转化。利用版式、色彩、图像、文字等表达主题,烘托气氛,营造意境。

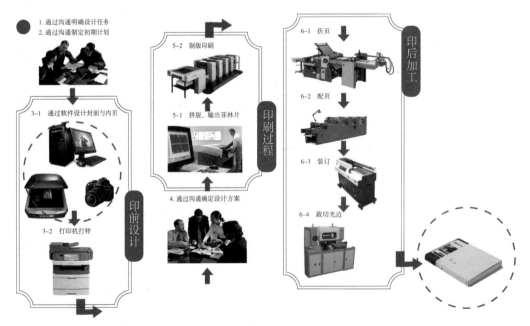

图 0-18

（2）信息梳理，进行信息归纳、传达。通过各种手段方便读者阅读，使读者能快速而容易地理解书籍内容，并起到信息引申与扩展的作用。

4）通过沟通确定设计方案

（1）修订方案，与设计主管、作者（编辑）进行沟通，反复修改设计方案，并确定最终方案。

（2）正文排版，对设计稿校审。

（3）印刷方案，根据设计方案和价格定位，选择装帧材料和印刷手段，可制作样本，以便客户更好地理解最终效果，并最终签单印刷。

5）印刷书籍，校对颜色，审核工艺质量

（1）拼版，根据不同的开本、装订方式制定拼版方案，使用相应软件进行拼版。

（2）输出菲林片，根据印刷方式不同，如四色、双色、单色、专色等，输出的菲林片数量不同。

（3）制版、印刷，通常为平版印刷，少量的书籍使用丝网、凸版、凹版印刷。

6）印后加工、审核工艺质量

（1）折页，将书籍折成应有的开本书型。

（2）配页，配书帖和配书芯。

（3）装订，通常为骑马订、胶订、锁线订，使用手动或机械自动装订。

（4）光边，裁切书籍边缘，起到修正、整齐的作用。

（5）成书，批量包装，整合运输。

（6）其余印后加工有：扒圆、起脊、制作书壳、覆膜、UV 上光、凹凸压印、烫印、模切等。

5. 书籍设计工作的能力要求

1）熟练的软件操作，掌握平面设计软件 PhotoShop、Illustrator、InDesign 等。

2）开阔的发散思维，具有较好的创意能力。

3）优越的审美观，感知潮流动向，组织视觉语言。

4）良好的沟通能力，捕捉客户的心理，了解市场需求，并能与其余部门紧密合作。

5）丰富的印刷知识，掌握印刷和印后加工制作流程和标准，并能充分应用印刷工艺创造美感，掌握制作样本的基本能力。

6. 课程目标（图 0-19）

7. 排版软件

目前对于国内的 MAC 和 PC 普通用户来说，在印前设计专业领域中通常使用方正飞腾和 Adobe InDesign 两款软件。北大方正集团（FOUNDER）的飞腾（FIT）现已更新至飞腾创艺 5.3，它在中文排版上有一些优势，尤其是附件中的字库、花纹较为丰富，只是由于种种因素而使得这款软件仅限于应用在大型出版印刷单位，而得不到广泛应用。

目前使用最广泛的排版软件是 Adobe 公司的 InDesign（图 0-20）。它继承了 PageMaker 的优点，操作便捷，并且能够和 PhotoShop、Illustrator 较好沟通，学习过这两种软件的人会发现这些软件的界面和快捷键十分相似，因此可以快速入门，容易上手。InDesign 适用于书籍、杂志、宣传册、招贴等平面设计项目的排版，适用于中、小出版印刷单位和设计公司，适用范围比较广泛。本书重点介绍此软件，以仿真案例详细讲解它的操作方法。

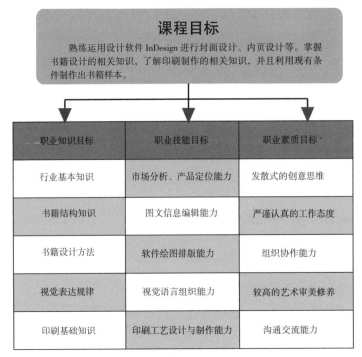

图 0-19

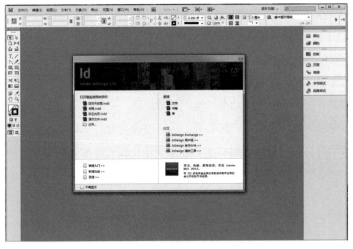

图 0-20

8. InDesign 的界面（图 0-21）

1）文档选项卡：显示当前文档的名称，也可通过此处选择不同文档。

2）应用程序栏：除 Bridge 外，单击其他按钮可以控制浏览图像的方式。

3）工作区切换器：此处可以打开下拉列表，可以选择不同工作区域的界面，也可以执行新建工作区命令，自定义新的工作区。

4）菜单栏：菜单栏有 9 个主菜单，上百个子菜单和命令，初次打开可能使学习者目不暇接，但其中部分命令与 PhotoShop 相似，并且按照功能分门别类地进行收纳，例如，【文字】菜单

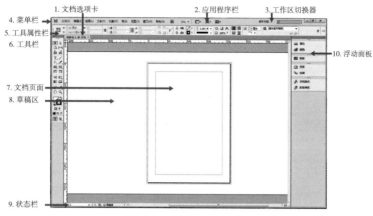

图 0-21

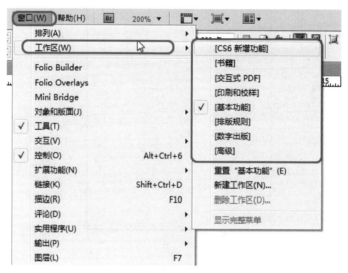

图 0-22

主要针对字体、文字大小、段落、段落样式、复合字体等功能菜单进行收纳。

5）工具属性栏：又称为控制面板，当选中不同工具或对象时，工具属性栏随之变化。

6）工具栏：大多数工具都放在其中，是软件使用频率最高的部分。

7）文档页面：新建文档后，编辑图片与文字的部分，此范围与最终打印输出范围基本相同。

8）草稿区：是指页面之外，到窗口之间的范围，此范围不会被打印，是临时存放和修改文档的部分。

9）状态栏：提供文件当前文档的页码、印前检查等相关信息。

10）浮动面板：在右侧有一组可以自由开启关闭的面板，可以在【窗口】菜单中添加，也可以在【工作区切换器】中根据需求选择匹配的面板组合。

9. 切换界面、标尺、参考线

1）通过【窗口】>【工作区】选择不同的界面，或者通过【工作区切换器】选择不同的界面（图 0-22）。

2）标尺：标尺有助于在水平或垂直方向上定位，精确调整图像、文字的位置。在【视图】菜单中，点击【显示标尺】（图0-23）。

3）参考线：可以帮助多个元素快速找到相应位置，进行对齐或分布。参考线分为"边界参考线"、"栏参考线"、"标尺参考线"三种，前两种是新建文件时设置之后，默认打开的。"标尺参考线"可以通过手动方式建立，首先使用【选择工具】将鼠标放在标尺上，按住左键拖拽就会新建一条参考线。如果希望设置精确位置，可通过输入坐标数值进行调整（图0-23）。

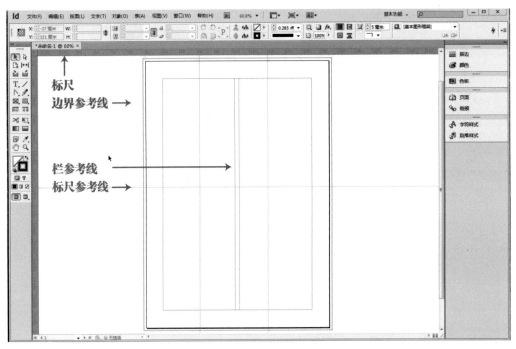

图0-23

项目一　单色书籍内页设计与排版

项目任务

1）情景导入

随着设计软件发展更新，天津电力出版社要将经典教程全新升级，近期推出《中文版 Adobe InDesign CS6 标准教程》书籍，由行业资深人士、Adobe 专家委员会成员编写。语言通俗易懂，内容由浅入深、循序渐进，并配以大量的图示，特别适合初学者学习。本项目任务要做一个内页版式的样稿，要求设计一个对页版面，设计页眉、页脚、章节标题，并且排入文字、调整格式。由于书籍是软件教材，文字量大，版面率高，因此要求风格规范整洁，层次清晰，便于学习。

2）设计要求

书籍开本：185mm×260mm。

印刷方式：单色印刷。

使用 Adobe InDesign 软件进行制作，最终保存为 indd 格式样张。

重点与难点

本项目重点学习使用 InDesign CS6 新建文档、图形制作、页眉和页码制作、文字置入和文字编排。其中页眉和页码制作难度较大，需要学习图形制作、颜色渐变、跨页对称等方法，对于刚刚接触 InDesign 学习者来说，操作步骤较为繁琐，需要理清思路，依次进行。

建议学时

6 学时。

1.1　开本常识

1. 开本定义

开本是指书刊幅面的规格大小，即一张全开的印刷用纸可以裁切成多少个页面。通常把一张按国家标准分切好的平板原纸称为全开纸。在以不浪费纸张，并且便于印刷和装订的前提下，把全开纸裁切成面积相等的若干小张称之为多少开数（图 1–1）；将它们装订成册，则称为多少开本（图 1–2）。常见的有 16 开（多用于教材）、32 开（多用于小说）、64 开（多用于中小型字典、工具书）。

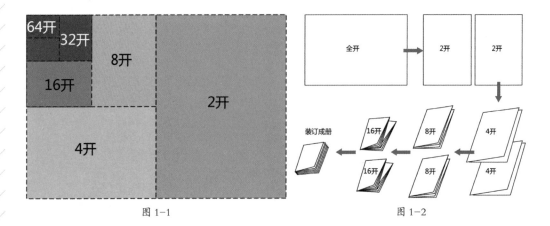

图 1–1　　　　　　　　　　　　　　图 1–2

2. 开本的差异

由于国际、国内的纸张幅面有几个不同系列，因此虽然它们都被分切成同一开数，但其规格的大小却不一样。尽管装订成书后，它们都统称为多少开本，但书的尺寸却不同。例如：787mm×1092mm 的全开纸，做成 32 开是 130mm×185mm；而 889mm×1194mm 的全开纸，做成 32 开是 145mm×210mm，两者差距较大。

3. 纸张纹路

通常人们在描述纸张尺寸时，尺寸书写的顺序是先写纸张的短边，再写长边。此外，纸张在制造过程中，会产生纤维组织的排列方向，分为纸张的纵向、横向。最简单的检测方法，在纸张没有折痕的情况下，双手将纸向相反方向自然撕开。裂痕较平直的是纵向，裂痕明显呈波纹状的是横向。一般纸张的纵向伸缩变化较小，横向伸缩变化较大，容易卷曲变形，会影响产品质量。纸张的纵向用 M 表示，放置于尺寸之后。例如 880×1230M（mm），880M×1230（mm）。

4. 卷筒纸和平板纸

常用印刷原纸一般分为卷筒纸和平板纸两种。

1）卷筒纸的宽度尺寸为（单位：mm）：

根据国家标准（GB147-89）有 1575、1562、1400、1092、1280、1000、1230、900、880、787（图 1-3）。

2）平板纸幅面尺寸为（单位：mm）：

880×1230M、1000×1400M、900×1280M、889M×1194、900M×1280、787M×1092。其中在实际生产中，人们常用的两种平板纸称为正度纸、大度纸。正度纸：通常将幅面为 787M×1092 的全张纸称之为正度纸；大度纸：将幅面为 889M×1194 的全张纸称之为大度纸（图 1-4）。

5. 常用纸张的开法

在一般情况下纸张都是以几何级数方法划分开本，如：全开、2 开、4 开、8 开、16 开、

图 1-3

图 1-4

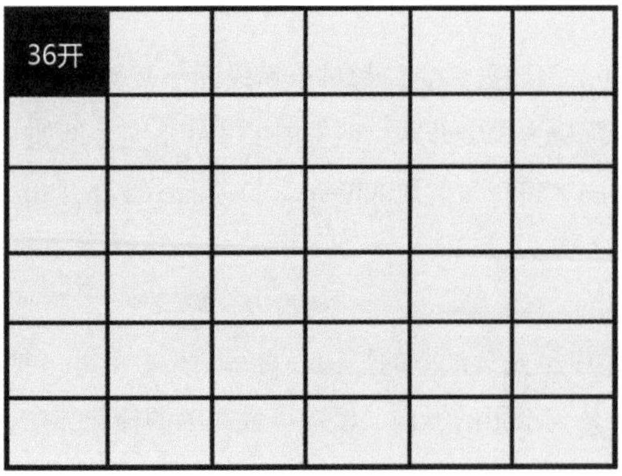

图 1-5 　　　　　　　　　　　　　　　　　　　图 1-6

32 开、64 开等，均是 2 的倍数。当纸张不按 2 的倍数裁切时，其按各小张横竖方向的开纸法又可分为正开法和叉开法。正开法是指全开纸按单一方向的开法，即一律竖开或者一律横开的方法（图 1-5）；叉开法是指全张纸横竖搭配的开法，叉开法通常在正开法裁纸有困难的情况下使用（图 1-6）。

1.2　页面结构

1. 内页版面的结构

版面：是指书籍中图文和空白部分的总和。内页版面通常有版心、订口、切口、天头、地脚、页码、书眉等结构（图 1-7、图 1-8、图 1-9）。

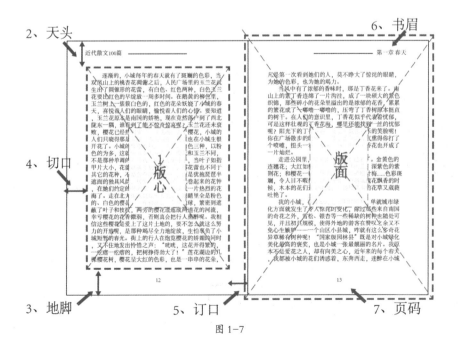

图 1-7

图 1-8

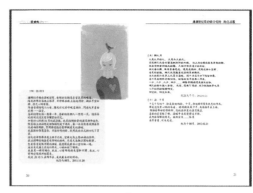

图 1-9

1）版心：版面中规定的正文、图片和图表的排版范围。

2）天头：版心上边沿至成品上边沿的空白区域，又称为上边空、上空。

3）地脚：版心下边沿至成品下边沿的空白区域，又称为下边空、下空。

4）切口：由版心至成品边沿称为切口，共有三个切口，通常指翻页的一侧。

5）订口：由版心至装订一侧称为订口，通常是指书脊一侧。

6）书眉：又称页标题，标有书名、章节名称等信息的部分。

7）页码：每一个页面序列的数码，一般在地脚位置，通常设置为左右页面对称。

2.版面设计的方法

1）版心面积的大小是首先要考虑的问题。如果版心与版面相比过小，容字量减小，生产成本加大；如果版心与版面相比过大，容字量大，但版面拥挤，有损美观，容易产生阅读疲劳。因此要根据实际书籍类型设置版心尺寸，大众读物通常设置大版心，热闹丰富；经典名著、诗歌、散文等版心较小，给读者一种书卷气息。

2）书眉，通常在书籍天头、地脚或切口处设计，方便读者查阅，同时给版面带来美感。有的左页写书名，右页写章名；有的左页写章名，右页写节名。有的运用图形配合文字设计，具有较好的装饰效果。以下是书眉的几种装饰设计（图 1-10、图 1-11、图 1-12、图 1-13）。

3）页码分成明码、无码、暗码三种。无码是指空页码，如扉页、目录页等不占页码序号；暗页码又称暗码，是指不排页码而又占页码的书页，一般用于超版心的插图、章扉页、空白页等。页码通常位于天头或地脚，也可和书眉组合在一起进行设计（图 1-14、图 1-15）。

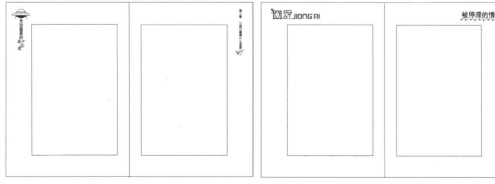

图 1-10　　　　　　　　　　　　　　　　图 1-11

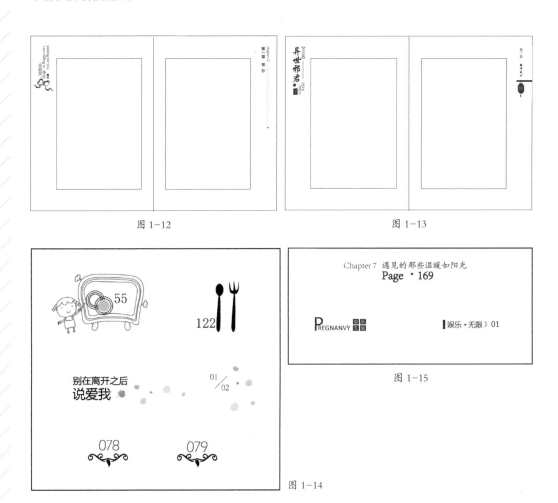

图 1-12   图 1-13

图 1-15

图 1-14

4）版面出血，是指增大印刷品外尺寸的范围，在裁切位加上一些色块或图片的延伸，以避免裁切后的成品露出白边。通常印刷品出血范围预留 3mm，在 InDesign 中默认值也为 3mm。

1.3   InDesign 基础知识

1. 新建文件

开始新工作时，首先要建立新文件。在【文件】>【新建】子菜单中含有 4 个新建命令，通过这些命令可以新建"文档、作品集、书籍和库"。通常我们使用最多的是新建【文档】（图 1-16）。

2. 新建文档对话框

首先激活"新建文档"对话框（图 1-17），通过"新建文档"对话框，不仅可以设置新文档的"页数、页面尺寸、页面方向"，单击该对话框中的"更多选项"按钮，还可以进一步设置"出血"和"辅助信息区域"的尺寸。在 InDesign CS6 中新增了"起始页码"功能，可以设置第一页的页码序列，便于分工协作。最后选择"边距和分栏"模式，或是以"版面网格"模式新建文档。

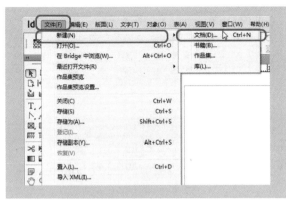

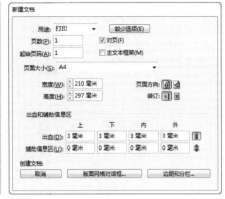

图 1-16　　　　　　　　　　　　　　　　　图 1-17

3. 创建文本框

InDesign CS6 提供了 4 种创建文本框的工具 :【文字工具】、【直排文字工具】、【水平网格工具】和【垂直网格工具】，并且还可直接使用复制、粘贴的方法创建文本框。

1）用文本工具创建文本框

在工具箱中，选择【文字工具】或【直排文字工具】，在页面上单击并拖曳鼠标，绘制出一个适当大小的文本框。这时文本框的左上角即可出现一个闪烁的"字符输入光标"，直接输入文本即可。

2）用网格工具创建文本框

在工具箱中，选择【水平网格工具】或【垂直网格工具】，在页面上单击并拖曳鼠标，绘制出一个适当大小的文本框，此时出现有框架网格的文本框。在工具箱中，选择【文字工具】在框架中单击，即可出现一个闪烁的"字符输入光标"，直接输入文字即可（图 1-18）。

3）用复制粘贴命令创建文本框

在 Word、PowerPoint 等软件中，选中其中文字进行复制，按下 Ctrl+C 后，打开 InDesign 文档，并用 Ctrl+V 粘贴到文档页面之中，此时在文字四周会自动生成文本框。

4. 设置分栏

在 InDesign 中，用户除了通过"新建边距和分栏"对话框设置版面的分栏外，还可以通过"文本框架选项"对话框设置文本框的分栏。

1）选取【选择工具】，单击目标文本框。

2）第一种方法，点击【工具属性栏】上【段落格式控制】图标，直接在"栏数"数值框中输入所需的分栏数即可，并可直接设置栏间距（图 1-19）;第二种方法，执行【对象】>【文本框架选项】菜单命令，通过激活的"文本框架选项"对话框则可详细设置文本框的"分栏"、"内边距"和"垂直对齐"等属性（图 1-20、图 1-21），单击"确定"按钮，即可完成。

5. 置入文本

InDesign 除能够置入 TXT、RTF 格式的文本外，还支持 Word 和 Excel 文档，并能够保留该文档的各种属性。【文件】>【置入】，打开"置入"对话框，选择目标文本，并勾选下方"显示导入选项"（图 1-22），在"导入选项"对话框中，选择需要保留的格式。点击"确定"后光标发生变化（图 1-23），出现附加文本样式，此时拖拽或者点击页面，即可置入文档。

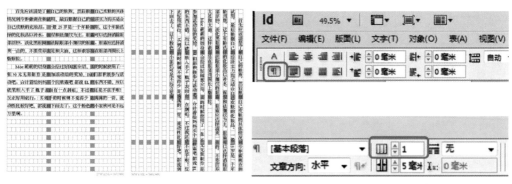

图 1-18

图 1-19

图 1-20

如何选择化妆品

首先应该清楚了解自己的肤质，然后根据自己皮肤的具体情况到专柜做调查和试用，最后根据自己的经济实力购买适合自己皮肤的化妆品。一般 25 岁是一个年龄周期，这个年龄选择的化妆品以补水、保湿和祛细纹为主。眼霜可以选择消除眼部浮肿、淡化黑眼圈和祛除眼部小细纹的眼霜。眼霜应选择清爽一点的，不要营养太足和太油，这样很容易在眼部周围长上脂肪粒。Moe 萌萌的切身体会经过好闺蜜介绍，买的时候使用了一张 30 元无限制券 是参加活动给的奖励，JM们都积极参与活动吧。合计着给妈妈买个润肤霜吧 都说 EL 的东西不错，所以就果断入手了 瓶子表面有一点刮痕，不过我还是不在乎啦！反正好用就行。买到手的时候倒不觉得少 是满满的一管，流动性比较好吧，都流到下面去了。

这个粉色的小家伙可是不远万里啊。

专家 Vivienrose 的建议

雅诗兰黛 弹性紧实柔肤霜出了新的包装，瓶子非常好看。产品本身变化不大，都是很好闻的花香，而且香味持久。 新的罐子很华丽，是正装的完美缩小版。雅诗兰黛弹性紧实柔肤霜（中性）SPF15 为肌肤重新注入活力，有效提升紧致度。把产品倾倒在手心，自身天然胶原蛋白的合成。 构建更强韧的肌肤，在瞬间为干涸的肌肤注入大量水份，令肌肤感觉滋润舒适。通过双手感触到肌肤柔软、匀滑的微修复改善。 肌肤的睡眠焕新计划我认为睡眠很重要。很多人都知道睡眠对身体健康起着至关重要的作用，同样它对于肌肤的重要性也不容忽视，睡眠不足或不佳会直接写在你的脸上。当然，很多女性的时间都被工作占领，但是我相信精

图 1-21

图 1-22

鼠标变为箭头与文字的（图1-51）。首先，使用手动方法置入左页文字，按住鼠标左键，在页面上拖动，画出文本框，文字自动填充置入；其次，置入右页文字，点击左页文本框右下

图 1-23

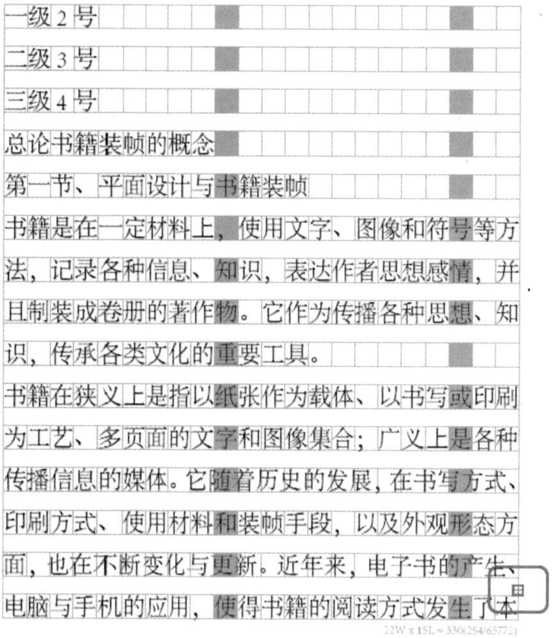

图 1-24

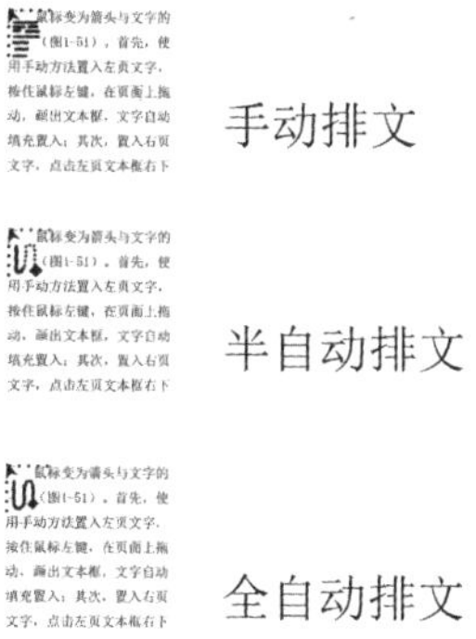

手动排文

半自动排文

全自动排文

图 1-25

6. 排文方式

将大篇幅的文本以文本框架的形式置入到 InDesign CS6 页面中，并连续分布的过程叫做排文。InDesign CS6 针对出版物的版面编排所需，提供了"手动、半自动、自动"等三种排文方式。

1）手动排文：首先置入文本，将置入文本后的光标，直接在页面上拖拽出文本框，文字自动置入。再次置入时，需点击"溢流符号"，然后在页面上拖拽出文本框，文字再次自动置入（图 1-24、图 1-25）。

2）半自动排文：按住 Alt 键，将光标在页面上拖拽出文本框，文字自动置入，不需每次点击溢流符号（图 1-25）。

3）自动排文：按住 Shift 键，将光标在页面上的版心内单击，所有文字自动置入，依次填充到所有页面的版心中。当页面数量不足时，自动添加页面（图 1-25）。

1.4 项目制作

1. 方案计划

首先，本书为教材，以教学为主要目的，图文容量较大，因此采用 787mm×1092mm 纸型，开本设置为 16 开，尽量扩大版心面积，压缩四周边空，提高版面率。版式设计也要中规中矩，让人一目了然，符合教材的基本风貌。其次，本书是学习用书，又是单色印刷，为避免书籍过于单调，需要有一些精致的装饰。但是单色印刷不善于表现层次丰富的装饰图案，因此尽量以几何化、规则化的小装饰为主。最后，为方便读者快速查阅章节，除设置页码外，在书口上制作出血的黑白灰色块，将当前章节与其他章节区分开。

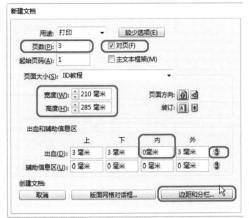 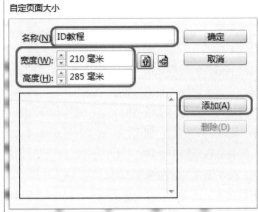

图 1-26　　　　　　　　　　　　　　　　图 1-27

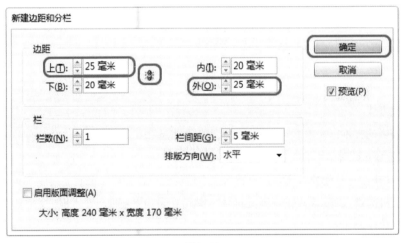

图 1-28

2. 新建文档

1）选择点击【文件】>【新建】>【文档】，打开"新建文档"选框，填入相关信息（图 1-26），最后点击"边距和分栏"。请参照教学视频 1-1。在 InDesign"新建文档"对话框中，"页面方向"是指书籍开本的朝向，是纵向或是横向；"装订"是指书籍第一页到最后一页的翻动方向。现代西式书籍通常选用从左至右，中式传统书籍通常使用从右到左。

2）此外还可以点击"页面大小"栏后面的下拉菜单图标，选择其中"自定"，打开"自定页面大小"对话框（图 1-27）。

（1）填入名称，如：InDesign 教程。

（2）在"宽度"栏中输入 210mm，在"高度"栏中输入 285mm。

（3）点击"添加"，将此次设置尺寸自动保存，方便以后调取使用。

（4）点击"确定"。

3）打开"边距和边距"对话框，进行设置（图 1-28），最后点击"确定"。请参照教学视频 1-1。

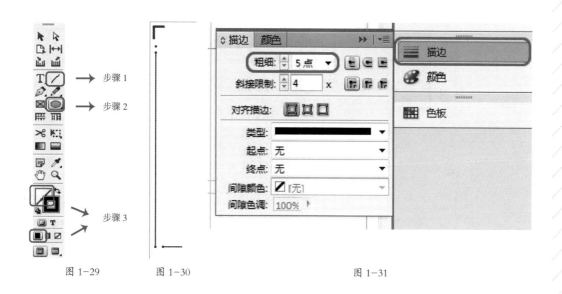

图 1-29　　　　图 1-30　　　　　　　　图 1-31

栏：是指在文本框内划分文字填充区域。分栏是为了缩短视线扫视范围，使版式清晰，方便阅读。通常在报纸、杂志上广泛应用，在文字较多的、大开本的书籍上也有应用。

　　3. 制作书眉

　　1）在左页绘制简单的页面装饰，使用【直线工具】、【圆形工具】绘制，并设置线条粗细。请参照教学视频 1-2。

　　（1）点击【直线工具】（步骤 1），按住 Shift，光标拖动绘制，画出水平或垂直直线（图 1-29）。

　　（2）点击【圆形工具】（步骤 2），按住 Shift，画出正圆。按住 Alt 键，使用选择工具，复制一个相同的圆（图 1-29）。

　　（3）选择【填充色】，点击【应用颜色】（步骤 3），圆形自动填充黑色（图 1-29）。

　　（4）按照上面的方法分别画出其余的直线和圆形（图 1-30）。

　　（5）分别选中不同直线设置描边粗细，【窗口】>【描边】，打开"描边调板"，在"粗细"框中分别输入 5 点、2 点，两种粗细尺寸（图 1-31）。

　　2）将这组图形编组、复制，做对称、对齐。请参照教学视频 1-3。

　　（1）用【选择工具】框选所有的图形，单击右键，选择"编组"（图 1-32）。

　　（2）用【选择工具】选中图形组，按 Ctrl+C 复制，再按 Ctrl+V 粘贴。

　　（3）点击【属性栏】中的【水平翻转】，使左右两边的图形组方向相对（图 1-33）。

图 1-32

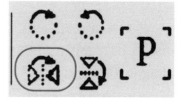

图 1-33

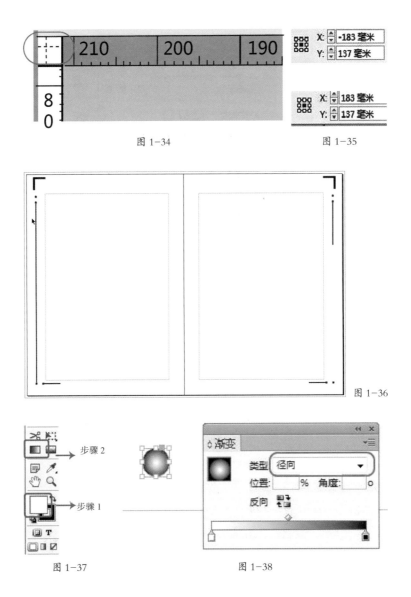

图 1-34   图 1-35

图 1-36

图 1-37   图 1-38

（4）设置左右图形组的位置对称比较复杂，可以利用坐标原点作为对称参照点。

首先用【选择工具】选择【标尺】的最左面的十字线（图1-34），鼠标左键按住后拖拽，将其拖离标尺，此时鼠标变为十字虚线。鼠标移动至两页中间的标尺上，松手后坐标原点位置已变至两页面中间。

其次，选中左侧图形组，此时观察【工具属性栏】上的 X、Y 坐标数值（图1-35），X=–183、Y=137。选中右边图形组，此时将属性栏上的 X、Y 坐标数值改为 X=183、Y=137。此时两边位置完全对称。

再次，选中右侧图形组，点击右键选择"取消编组"，将垂直线条缩短（图1-36）。

3）制作页标题，制作渐变圆形，输入文字标题。请参照教学视频1-4。

（1）画出圆形，单击填充色（步骤1），双击【渐变色板工具】（步骤2）（图1-37）。

（2）打开"渐变调板"，点击"类型"栏右方下拉菜单图标，选择"径向"（图1-38）。

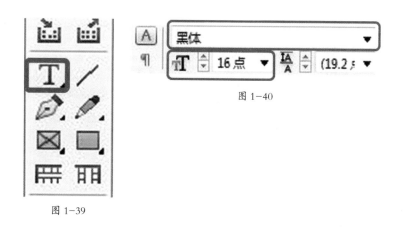

图 1-39

图 1-40

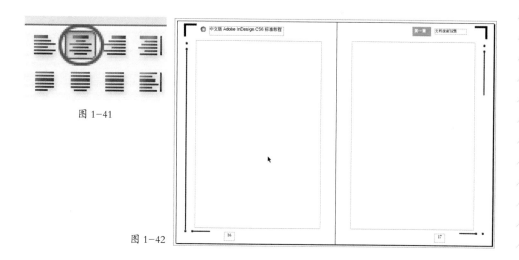

图 1-41

图 1-42

（3）点击【文字工具】，在左页天头处拖拽文字框，输入书名"中文版 Adobe InDesign CS6 标准教程"。在右页天头处拖拽文字框，输入章节名"第二章 文档版面设置"，并在【属性栏】上调整为黑体、16 点字（图 1-39、图 1-40）。

4）制作左、右页的页码，并作位置对称。请参照教学视频 1-5。

（1）使用【文字工具】，在地脚位置，拖拽出文本框，左页输入数字"16"。

（2）当光标在文本框中闪烁时，点击【工具属性栏】中"居中对齐"（图 1-41）。

（3）使用【选择工具】选择左页文本框，按住 Alt 键，复制这个文本框，放入右页，将数字改为"17"。

（4）使用【选择工具】选择左页页码文本框，观察【属性栏】中 X、Y 坐标数值，如 X=-139、Y=276。选中右页页码文本框，将坐标值改为 X=139、Y=276。这种方法与装饰图形的位置对称方法相同（图 1-42）。

5）制作右侧书口的章节标记，采用灰、黑色块对比的方法，标示出当前是第二章节。请参照教学视频 1-6。

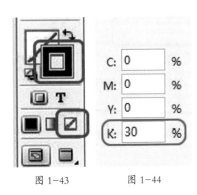

图 1-43　　　　图 1-44

图 1-45

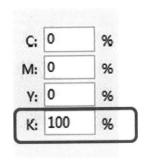

图 1-46

（1）使用【矩形工具】，画出矩形，注意一定要画到出血线。

（2）先将【描边色】选中，点击【应用无】关闭，并双击【填充色】打开拾色器调板，在 CMYK 值中将 K 值改为 30%，其他 CMY 值都为 0%（图 1-43、图 1-44）。

（3）在矩形的附近，用【文字工具】拖拽出一个文本框，在里面输入数字"1"。并将这个文本框放置在矩形之上。按住 Shift，同时用【选择工具】选中文字和矩形，点击右键选中"编组"。

（4）使用【选择工具】点击组合，再按住 Alt 键，使用鼠标拖动矩形组合，移动的同时可以复制组合，共复制 5 个组合。

（5）使用【选择工具】框选所有的矩形，点击【属性栏】上面的"居中对齐"，再点击"居中分布"，将这些组合对齐（图 1-45）。

（6）使用【选择工具】选中第二个矩形组合，用【文字工具】选中数字"1"，更改为数字"2"。并且双击【填充色】，将 CMYK 值都改为 0%，此时数字"2"变为白色。点击右键选择【取消编组】，选中底色矩形，双击【填充色】，将 CMY 值都改为 0%，K 值改为 100%，底色矩形为黑色（图 1-46）。

（7）依次将其他的数字改为 3、4、5、6，数字颜色保持不变，依然是黑色。到此，页面的页眉、页脚，以及页面装饰都已经制作完毕（图 1-47）。

4. 制作标题

1）制作外边框，使用【直线工具】，按住 Shift 画出直线，【属性栏】上调整"描边"粗细为 4 点。请参照教学视频 1-7。

2）使用【矩形工具】制作两个矩形，上面矩形设置【填充色】为黑色，K 值改为 100%；下面矩形设置【填充色】为灰色，K 值改为 60%（图 1-48）。

3）制作文字，使用【文字工具】，在其他地方拖拽文本框，输入文字"InDesign"、"2.1"，并将文字设置为白色，CMYK 值都改为 0%。然后将文字移动在相应的矩形上。

4）制作一列线条、输入文字。

（1）先使用【直线工具】画出一条直线，【属性栏】上调整"描边"粗细为 0.75 点（图 1-49）。

（2）使用【选择工具】选中直线，按住 Alt 键，向下移动复制出一条直线，放置合适的距离。

（3）同时按住 Shift、Ctrl、Alt 键，此时再按 D 键，重复上一次动作。每按一次，同时移动复制出一条新的直线。

（4）使用【文字工具】制作文本框，在框中输入文字"新建文档"。

（5）在右侧制作黑色矩形，将制作的"CS6"文本放置在矩形之上。至此，标题制作完成（图 1-50）。

5.置入文字、调整格式

1）置入文字，请参照教学视频 1-8。

（1）点击菜单【文件】>【置入】，打开"置入"对话框，找到所要置入的文本文件，点击打开。

图 1-47

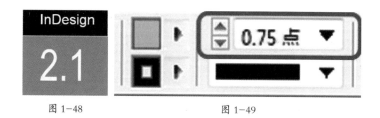

图 1-48　　　　　　图 1-49

图 1-50

鼠标变为箭头与文字的组合（图1-51）。首先，使用手动方法置入左页文字，按住鼠标左键，在页面上拖动，画出文本框，文字自动填充置入；其次，置入右页文字，点击左页文本框右下

图 1-51

（2）此时鼠标变为箭头与文字的组合（图1-51）。首先，使用手动方法置入左页文字，按住鼠标左键，在页面上拖动，画出文本框，文字自动填充置入；其次，置入右页文字，点击左页文本框右下角红色的"溢流符号"（图1-51），在右页版心框架的左上角单击一次，文字自动填充进入版心框。如果不适应文字之下的网格参考线，可在菜单【视图】>【网格和参考线】>【隐藏框架网格】，将网格隐藏。还可点击预览模式，便于观察最后效果。

2）调整格式，请参照教学视频1-8。

（1）修改标题文字，使用【文字工具】将标题文字改为黑体，18点。

（2）修整各段落开头空格距离。其余页面制作方法与此大致相同（图1-52、图1-53）。

图 1-52

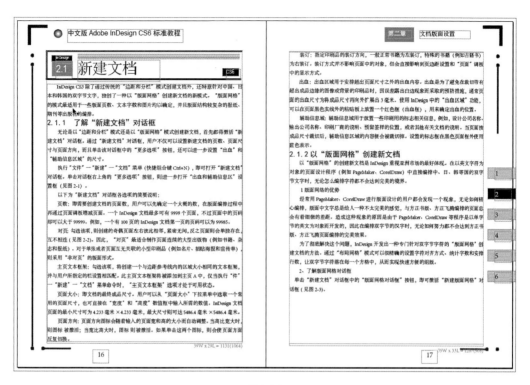

图 1-53

6. 保存文档

点击菜单【文件】>【存储】，打开"存储为"对话框，选择保存位置，在"文件名"栏中输入名称，"保存类型"选择 InDesign CS6 文档，点击"保存"，即完成保存为 indd 格式样张，至此本项目制作已基本完成。

项目小结

本项目介绍了开本的基本常识，了解纸张的类别，学习了书籍内页的基本结构，讲解了版心、边空、天头、地脚等概念，但仅仅知道这些名称尚且不够，需要逐渐体会它们的设计规律，使这些结构达到视觉上的和谐。本项目还学习了 InDesign CS6 的基本功能，掌握了新建文档的方法，以及设置相关的参数。其中书眉、页码的制作比较复杂，对于初学者来说需要反复练习。

课后练习

1）情景导入

近期，中国建筑工业出版社要出版一系列艺术教材，其中包括《书籍装帧设计》一书，该书阐述了书籍形态设计的重要性，充分体现了作者倡导的"新书籍设计"理念。现在需要对该书内页进行版式设计，请设计人员制作"第一章 中国书籍的起源与发展"的内页样张。本项目属于教材类书籍，文字量较大，要求版式整洁规范，一目了然。要求页面有完整的页眉、页码等结构；有单纯而精致的装饰效果；要充分考虑书籍阅读的方便性，在书口处增加查阅功能。

2）设计要求

开本设置：260mm×185mm。

印刷方式：单色印刷。

使用 Adobe InDesign 软件进行制作，最终保存为 indd 格式样张。

项目二 彩色书籍内页设计与排版

项目任务

1）情景导入

青岛出版社将要出版《BODY——护肤宝典》一书，详尽介绍基础护肤的七大步骤，针对不同年龄、不同肤质、不同环境，指导读者寻找最适合自己的美肤方法。该书属于时尚类书籍，此类书籍版式新颖、色彩艳丽、图片丰富、版面率高。现在请设计人员设计一个内页样张。项目任务要求页面有完整的书眉、页码等结构，风格唯美，色彩协调，具有女性气息，体现女性向往的清新、舒适的美好生活。

2）设计要求

书籍开本：170mm×239mm。

印刷方式：四色印刷。

使用 Adobe InDesign 建立文档、排布图文，最终输出为 indd 格式样张。

重点与难点

本项目重点学习版式元素、网格设计，掌握 InDesign CS6 的图形链接、应用图层、文本绕排、应用效果等方法。本项目学习难点是网格设计的方法，初学者往往被复杂的划分方法所迷惑，但网格实质上只是为了追求和谐的比例关系。此外，在 InDesign CS6 中应用图层时，要注意排列层次关系，底图、底色与图片、文字尽量分层，按照由下向上顺序依次制作。

建议学时

8 学时。

2.1　视觉流程

书籍的内页就像一个舞台，在这里演绎着各种故事，抒发着各种情怀，在这里文字、图片轮番上场，各自向观众展示自己的魅力。此时，设计者就像是一位导演，正在安排着演员的上场顺序，把控着演员的位置排布，调控着舞台的气氛，在这咫尺之地掀起一个个的戏剧高潮。因此，设计者如何调配图片和文字，让其在书籍内页中发挥最大的效能，达到预想的效果，这是非常值得研究的问题。

1. 视觉流程

眼睛是获取形象信息的器官，但这个器官的视觉范围是有一定限度的，尤其是视线焦点更是局部的，很难在同一时间一次性获取全部的信息，因此视线都是依照某种顺序，自然地依次读取，这就称为视觉流程。设计师就是要把握人们视觉流程的规律，主动地引导人们的视觉流程，以达到吸引读者阅读，并使其最快、最便捷地获取主要信息的作用（图 2-1）。

2. 构建视觉流程的方法

1）利用视觉习惯创造流程

（1）当人们面对一个读物时，人们习惯于从左上角进入，从左至右，从上至下，依次向右下角浏览，因此关注的热点部分集中于左上角，右下角部分逐渐淡化，如图所示（图 2-2）。

（2）当人们面对一个读物时，人们习惯于从图片看起，先图后文（与图片密切相关的文

图 2-1

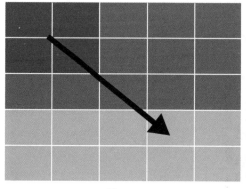

图 2-2

图 2-3

图 2-4　　　　　　　　　　　　　　　　图 2-5

字会简略阅读）。在众多图片当中，为了吸引人们的视线，常常运用 3B 原理，Beauty、Baby、Beat，即美女、儿童、动物。有 3B 图片的会先阅读，在 3B 中视线朝向读者的，更会优先阅读（图 2-3、图 2-4、图 2-5）。

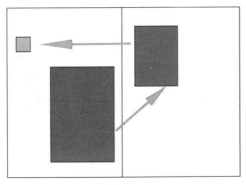

图 2-6

图 2-7

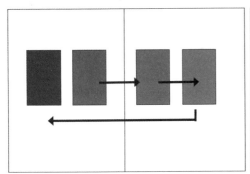

图 2-8

图 2-9

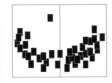

图 2-10

图 2-11

2）利用对比差异引导视觉流程

（1）当人们面对一个读物时，人们习惯于由大到小、由近及远地阅读（图 2-6、图 2-7）。

（2）当人们面对一个读物时，人们习惯于由鲜艳到灰黑，由高纯度向低纯度，由暖色向冷色，依次阅读（图 2-8、图 2-9）。

（3）当人们面对一个读物时，人们习惯于从众多的图文中，根据聚散对比和留白对比，找到主体部分，依主次顺序进行阅读（图 2-10、图 2-11）。

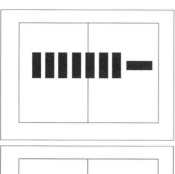

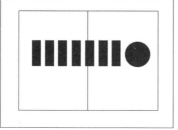

图 2-12   图 2-13

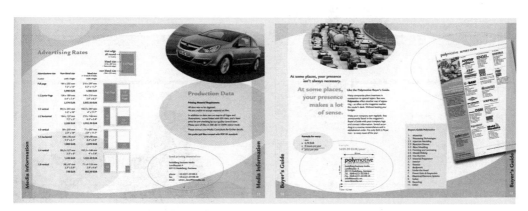

图 2-14

（4）当人们面对一个读物时，人们习惯于从众多的图文中，根据方向、形状、颜色上的差异，找到与众不同的特异部分，优先进行阅读（图 2-12、图 2-13）。

3）利用群组关系，将分散的信息集合在一起，依次引导读者的视线

在应用的过程中，要对信息分类整理，多建几种群组，合理归纳。并且利用边框、叠加等方法，产生丰富的层次感（图 2-14）。

2.2 版面设计的视觉元素

版面是由图形、文字共同组合而成，而这些图形、文字通过归纳和提取，演化为点、线、面三元素，再附加色彩元素，组成版面设计的四大视觉元素。

1. 点

点是最基本的形状，但点的概念是相对的，根据形状、大小、位置等因素与线、面相对比，

图 2-15

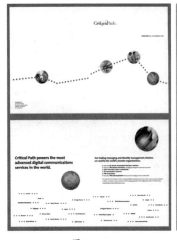

图 2-16

图 2-17

才能认定为点。点是视觉元素中最小的元素，但连续累加的点可以转换成线，连续聚集的点也可以组合成面，所以从这个角度上去讲，点是线和面的基础。点可以是一个字符、一个标点，也可以是一个图像，所以点的内容是广泛的。在版式中点往往起到点缀作用，活跃气氛，增强节奏美感；或是填补空白，平衡画面。有时点也作为画面中心，成为视线的焦点（图 2-15）。

　　2.线

　　　　线是点的连续和延伸，但线的概念是相对的，用长度、宽度、方向、位置等因素与点、面相对比，才能称为线。线的感情表达比点更加丰富，垂直线单纯、庄严；水平线开阔、安静；斜线运动、危险；曲线柔美、流畅（图 2-16、图 2-17、图 2-18）。

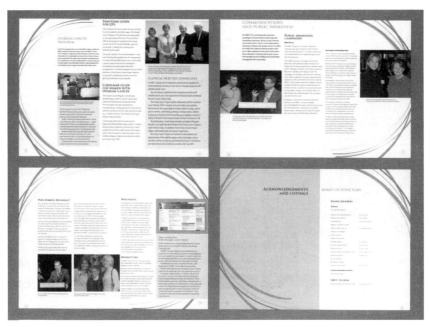

图 2-18

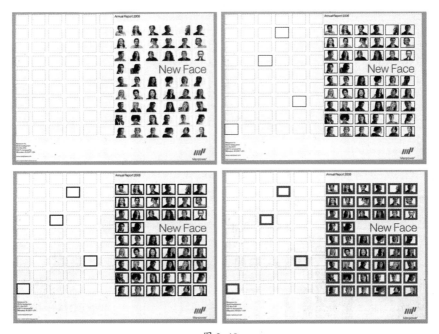

图 2-19

　　线还具有分割空间的作用，可以将平面空间划分成面积等量或大小不同的空间。线在分割空间的同时，具有影响空间的"力场"，所谓"力场"是指在一定范围内，对视觉和心理产生冲击力、影响力、约束力。以表格为例，在没有表格线条的情况下，各个元素是自由的，虽然彼此对齐，表面看起来也是井然有序，但各个元素没有"力场"的影响，没有约束力。当增加了线条后，线条由细至粗，元素自由度逐渐减少，约束力逐渐增加，元素有明确的从属性。与此同时，元素借助线条的"力场"变得醒目，吸引人的注意（图 2-19）。

3. 面

面是点的聚集或线的密布的结果（图 2-20、图 2-21、图 2-22），在版面空间中，面占的面积最大，影响力最强，处理好面的关系直接影响版面的形式美感。并且它也是决定版面色调最主要的元素（图 2-23、图 2-24），甚至在单色印刷品中，面也可以产生黑、白、灰的色调关系。

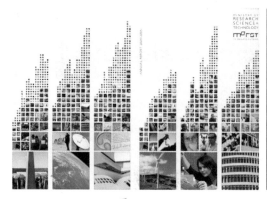

图 2-20

图 2-21

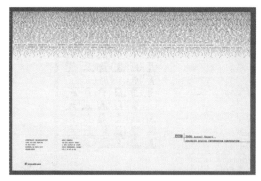

图 2-22

图 2-23

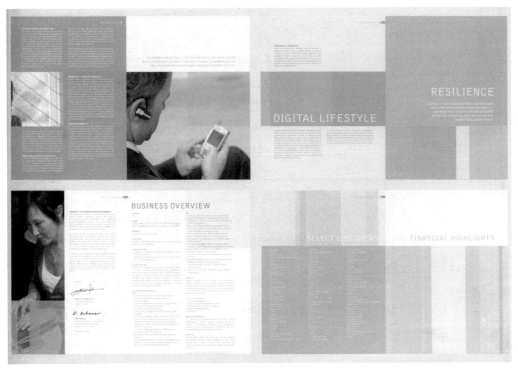

图 2-24

2.3　版面设计的空间分割与色彩搭配

　　平面空间是有限的，在有限的空间中，要合理地安排图文信息，就要有效地划分出不同的空间范围。划分空间的方法，有理性分割，也有感性分割。我们现在常用的划分方法都是以西方的设计理论作为基础，其中影响最广泛的是网格设计法。

　　在版面设计中，网格为图文排布提供了框架结构，它使设计有法可循、秩序分明，也使设计轻松快捷。西方的网格设计历史悠久，起源可追溯到几何学原理的开创时代。从古埃及开始人们就研究几何学，到古希腊时期第一次达到高峰，这些古老的原理一直沿用到今天，像人们熟知的黄金分割定律、欧几里得几何等。正是在这样的背景下，西方的美学观念与数学密不可分，在漫长的历史中，西方美学家们一直苦苦追寻着两者之间必然的联系。从古希腊建筑的帕特农神庙，到达·芬奇的人体比例手稿，再到丢勒和托利的版面和字体研究，直至国际主义风格的网格设计……数学几乎贯穿了视觉艺术的全部。西方的设计理论一直是沿着对比例、数理分析的路线，去解决美学上的和谐与秩序关系。在书籍的版式设计中，这些数学关系也在广泛应用。

　　1. 开本的尺寸比例

　　黄金分割是数学上最为和谐、完美的比例关系，一直被西方美学奉若神明，在大自然中许多事物的生长规律也与此比例暗合，如鹦鹉螺的内部结构（图 2-25）。公元前 300 年

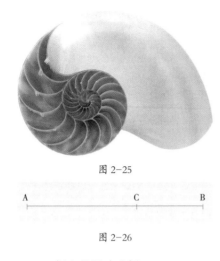

图 2-25

A　　　　　　C　　　　　B

图 2-26

欧几里得书写了最早的有关黄金分割的论著，19世纪后"黄金分割"这一名词开始流行起来。如（图 2-26），在线段 AB 中找一点 C，能够推演出 AB：AC=AC：BC=1.618：1。依据此原理可以制作出黄金分割矩形（图 2-27）。

此外，根号 2 矩形也有一定的特点，能够无限分割为更小的等比矩形，无论是将其 2 等分、4 等分、8 等分都能够得到相同比例的根号 2 矩形，因此极大地节约纸张，较少产生浪费。它被德国工业标准采纳，同时应用为 A、B 型纸张的标准原理。如图 2-28 所示根号 2 矩形的形成方法。

2. 版心的尺寸比例

1）几何基础网格

许多早期的西方书籍网格系统是建立在几何结构之上，而非数字尺寸之上。在 15~16 世纪的欧洲还没有标准的纸张和精确测量方式，而几何基础网格可以适应很多不同尺寸的纸张。

（1）基础版心划分：采用最直接的对角线划分方法，在对角线上取点 A 做出线段 AB，连线后推演出其余 C、D 点，制作出与开本同比例的版心（图 2-29）。

（2）扬·奇肖尔德版心划分：在宽长比为 2：3 的开本比例下，针对黄金分割比例开本，在对页上划分出对称的版心。此方法可以将页面横纵各划分为 9 份，创造出 81 个单元格，这

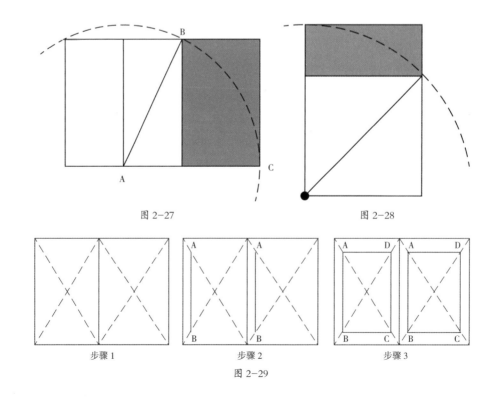

图 2-27　　　　　　　　　　　　图 2-28

步骤1　　　　　　步骤2　　　　　　步骤3

图 2-29

种方法在横开本中一样有效（图2-30）。

（3）方根矩形版心划分：矩形可以分为更小的保持原有比例的矩形，每一个新的小矩形都和原始的矩形拥有相同的比例。它的比例关系为1∶1.414，相似于黄金比例，从视觉上看比较舒适。如图2-31，利用三次方根矩形创建网格。

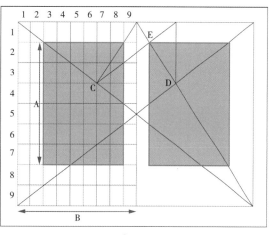

图2-30

2）数字基础网格

斐波纳契数列：是以数学家斐波纳契命名的，是他在大自然的生物比例中发现这一规律，这个数列的规律是每一个数字都是前两个数字之和，例如1、1、2、3、5、8、13……，并且此数列8∶13=0.615最接近黄金分割比例，因此受到人们的欢迎（图2-32、图2-33）。

3）现代主义网格——模块

现代主义网格着力于分栏和模块的应用，在划分的过程中，要充分考虑字体、字号和行间距等因素。

利用三次方根矩形创建网格

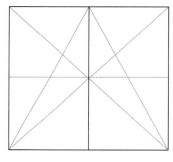
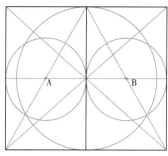
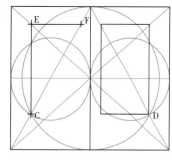

图2-31

1	3	3	3	3	4	4	4	4	4
1	6	7	8	9	5	6	7	8	9
2	9	10	11	12	9	10	11	12	13
3	15	17	19	21	14	16	18	20	22
5	24	27	30	33	23	26	29	32	35
8	39	44	49	54	37	42	47	52	57
13	63	71	79	87	60	68	76	84	92
21	102	115	128	141	97	110	123	136	149
34	165	186	207	228	157	178	199	220	241
55	267	301	335	369	254	288	322	356	390
89	432	487	542	597	411	466	521	576	631
144	699	788	877	966	665	754	843	932	1021

图2-32

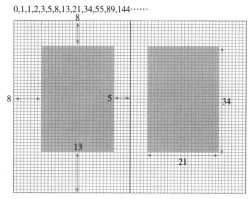

0,1,1,2,3,5,8,13,21,34,55,89,144……

图2-33

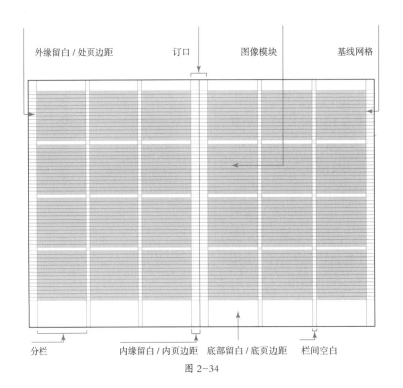

外缘留白／处页边距　　　　订口　　　　图像模块　　　　基线网格

分栏　　　　内缘留白／内页边距　底部留白／底页边距　栏间空白

图 2-34

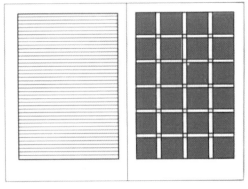

图 2-35

（1）模块网格：如图 2-34、图 2-35 所示，制作现代主义网格的过程，这个过程不可能一次性成功，很可能在划分的过程中变成了小数，不可均分，需要反复计算、修改（图 2-36、图 2-37）。

（2）复合网格：网格系统层次越多，划分的方式越多，版式的变化就越丰富。1962年卡尔·格斯特纳为《Capital》杂志所作的网格系统，在长方形页面内，设置了正方形的版

图 2-36

图 2-37

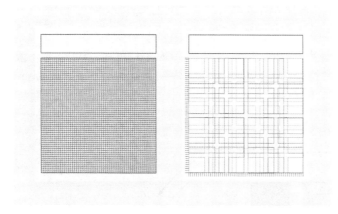

图 2-38

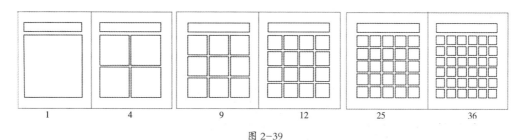

图 2-39

心网格，横向、纵向各为 58 格，根据 2、3、5、6 的倍数创造出 1、4、9、25、36 个正方形的单元模块，这些模块相互重叠，在设计过程中可以有丰富的变化（图 2-38、图 2-39）。

3. 版式色彩搭配

人们常说色彩是设计中的第一语言，这句话我们可以理解为，色彩是最容易打动人们视觉神经的视觉要素，绚丽缤纷的色彩影响着人们的心理，给人们带来欢乐、喜悦、悲伤、压抑等情绪。对于版式设计而言，合理的色彩搭配会起到事半功倍的效果。

1）色彩原理

（1）色彩三原色：分为光学三原色（加色法）——品红、蓝、绿；色料三原色（减色法）——红、黄、蓝（图 2-40）。

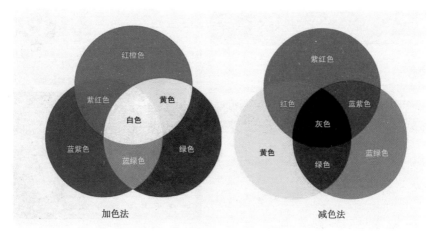

图 2-40

（2）色彩三属性：色相、亮度、饱和度（图 2-41）。

2）色彩心理

（1）冷色和暖色：不同的色彩让人心理感受到的温度不同，红、橙色感觉温暖；蓝、紫色感觉寒冷。因此让人感到温暖的色彩被称为暖色系，而寒冷的色彩被称为冷色系（图 2-42、图 2-43、图 2-44）。

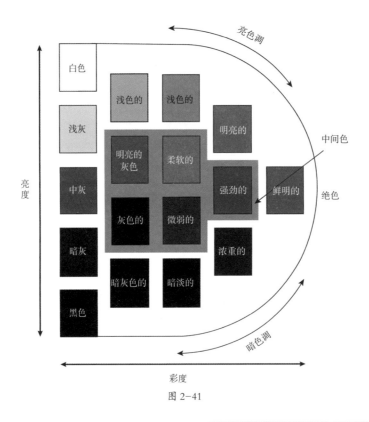

图 2-41

感觉温暖的色彩

感觉寒冷的色彩

图 2-42　　　　　　　　　　　　　　　　　　　　　　图 2-43

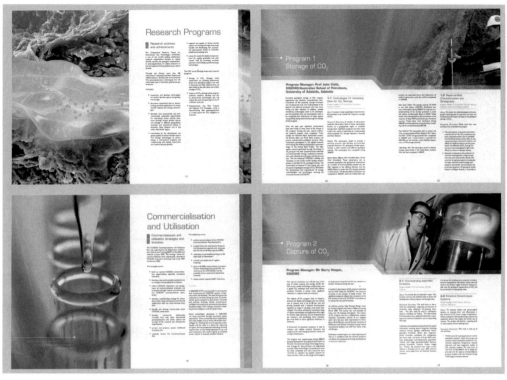

图 2-44

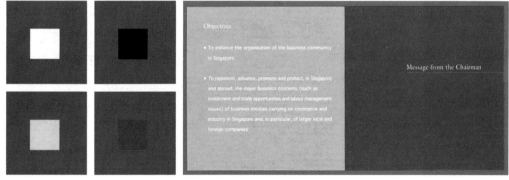

图 2-45　　　　　　　　　　　　　　　图 2-46

（2）膨胀和收缩：明亮的色彩、纯度较高的色彩通常会给人一种外张和膨胀的感觉；反之，灰暗的色彩、纯度较低的色彩给人一种收缩的感觉（图 2-45、图 2-46）。

（3）轻和重：色彩的重量也是一种心理反应，明亮的色彩通常给人轻盈的感觉，灰暗的色彩给人一种沉重的感觉。

（4）远近：色彩也会产生距离感，明亮的色彩向前，灰暗的色彩退后；高纯度的色彩向前，低纯度的色彩退后。这里需要说明的是，色彩的远近感与色彩的背景、形状、位置有密切的关系，有时会产生相反的效果（图 2-47）。

3）色彩搭配

（1）色彩的辨认性：在色彩搭配中，图底两种颜色之间互为影响，图形清晰易辨的，其"视

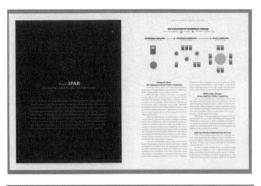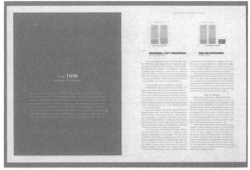

图 2-47

图 2-48　　　　　　　　　　　　　图 2-49

认性"较高，图形混淆不清的"视认性"较低（图 2-48）。在版面中，信息的传达效果与"视认性"有密切的关系（图 2-49）。

（2）纯粹的色彩、亮丽的色彩和优雅的色彩：纯粹的色彩是个性鲜明的色彩，色彩自身纯度很高，有强烈的视觉冲击力，大面积的使用给人留下深刻印象；亮丽的色彩在纯色中加入白色，色彩纯度降低，但明度略有提高，对比减弱，给人一种青春、女性的气息；优雅的色彩在纯色中加入白色、灰色，色彩纯度大幅降低，对比弱化，给人和谐、安静、优雅、稳重、高品质的感觉（图 2-50）。

（3）沉重的色彩、冷酷的色彩：沉重的色彩在纯色中加入灰色或补色，色彩纯度降低，对比弱化，色调以暗色为主。给人稳重、镇定、怀旧、男性化的感觉；冷酷的色彩在纯色中加入冷灰色，色彩纯度大幅降低，对比弱化，色调以冷色为主。给人冷静、淡漠、理性、现代的感觉（图 2-51）。

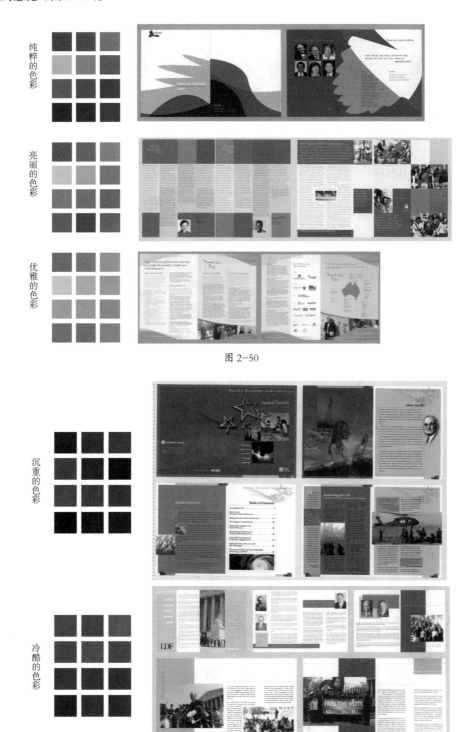

图 2-50

图 2-51

2.4 InDesign 基础知识

图 2-52

1. 置入图形、图形的编辑

InDesign CS6 有较好的兼容性，在文档中除了可以置入多种格式的图形外，还可以直接置入 PSD、AI 和 PDF 格式的文件。

1）置入图形

第一种方法，【文件】>【置入】，打开"置入"对话框，选择图像置入 InDesign CS6 文档中，并可勾选"显示导入选项"（图 2-52），打开"图像导入选项"对话框；第二种方法，用户还可以直接鼠标拖曳，利用鼠标将多个对象同时拖曳到 InDesign 文档中，但无法为拖曳的图像打开"图像导入选项"对话框。

2）复制和粘贴图形

选中在文档上的图片，按 Ctrl+C 复制，Ctrl+V 粘贴，即可获得两张同样的图片。

3）图形的适合模式

选中图片，单击右键后，选择"适合"，出现"按比例填充框架、按比例适合内容、使框架适合内容、使内容适合框架"等选项，选择其中之一，即可调整尺寸大小（图 2-53）。

2. 图形的显示模式

为了提高显示屏幕的刷新显示速度，InDesign CS6 有针对性地提供了"快速、典型、高品质"三种图形显示模式。通过【视图】>【显示性能】，选择显示模式，通常默认为【典型显示】。

1）快速显示，以灰框替代图片（图 2-54）。

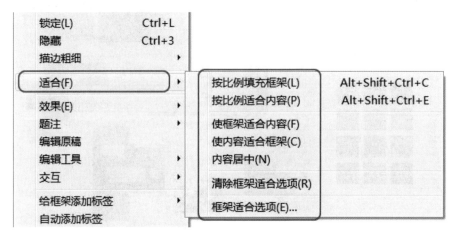

图 2-53

2）典型显示，以低像素显示图片（图 2–55）。

3）高品质显示，以最高像素显示图片（图 2–56）。

3. 图形链接

1）了解"链接"调板

图片置入后，我们可以看到图片，但此时图片并非真正地进入当前文档，只是以窗口的形式显示链接的图片，而图片则独立地放置在其他地方，这种方法的优点是降低文档容量，防止文档运行缓慢；缺点是一旦原有图片删除或移位，文档中显示图片会降低质量，无法输出印刷。

2）链接管理

打开【窗口】>【链接】，打开"链接调板"。

3）查看链接图像的信息

（1）当图片后面出现问号时表示链接缺失，当前图片已经删除或移位，需要重新链接。链接时双击问号，打开"定位"对话框，重新选择图像（图 2–57、图 2–58）。

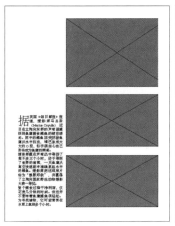
图 2–54

图 2–55

图 2–56

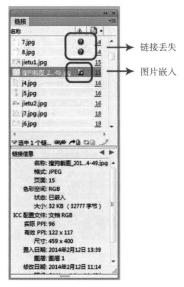
图 2–57

图 2–58

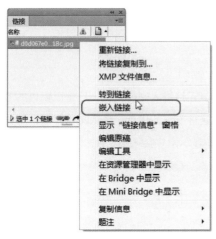

图 2-59

图 2-60

（2）当图片后面无图标，表示已经正常链接。

（3）当图片后面出现嵌入图标时，表示该图片已经嵌入（图 2-57）。

4）将图像嵌入文档中

嵌入是将图像文件存入文档之中，并与源文件断开链接，以后在删除、移位原图片或移动 indd 文档时，图片都不会丢失。"链接"调板上，在图片名称上单击右键，选择"嵌入链接"，此时文件后出现嵌入图标（图 2-59）。

4. 应用图层

图层就如同一层层叠加在一起的透明玻璃板，各层的图像或重叠或显露。位于上面的图层对象总是排列在下面图层对象之上。与 PhotoShop 相同，每一个 InDesign CS6 文档中至少包含一个已命名的图层。通过图层，我们可以创建和编辑对象，而不会影响其他区域。

1）图层的编辑

（1）打开图层调板

点击【窗口】>【图层】，打开"图层"调板，利用图层调板不仅可以新建、删除、复制图层，还可以隐藏、锁定和合并图层等图层编辑。

（2）创建新图层

可点击调板下图标；或者点击右方下拉菜单，选择"新建图层"，打开"新建图层"调板（图 2-60）。

2）设置图层选项

（1）向图层添加对象

在"图层"调板上选中图层，在页面上制作图像或文字，此时图像自动建立在当前选中图层之上。

（2）选择、移动图层上的对象

选中图层上对象，此时"图层"调板上图层出现矩形符号，用鼠标选中符号拖拽，放置于新图层上，完成对象的图层移动（图 2-61）。

（3）显示图层、隐藏图层

点击出现"眼睛图标"表示当前图层上所有对象处于显示状态；点击消失"眼睛图标"，表示当前图层上所有对象处于隐藏状态（图 2-62）。

（4）锁定或解锁图层

点击方格处出现锁头标志，当前图层被锁定；再次点击关闭锁头标志，当前图层解锁，

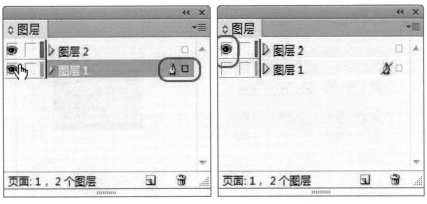

图 2-61　　　　　　　　　　　　　　　图 2-62

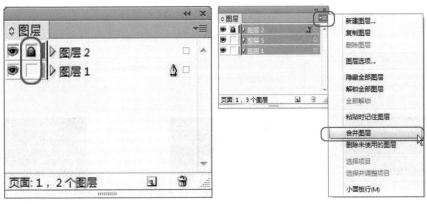

图 2-63　　　　　　　　　　　　　　　图 2-64

正常使用（图 2-63）。

（5）删除图层

选中图层，点击下方垃圾桶将该图层删除；或者点击右方下拉菜单，选择"删除图层"，将图层删除。

（6）合并图层

按住 Shift 或者 Ctrl 键，同时选择几个图层，点击右方下拉菜单，选择"合并图层"（图 2-64）。

5. 文本绕排

文本绕排就是将图片四周的文本以一定的距离围绕其边框或轮廓排列，需要注意这里的边框和轮廓都是由路径组成。当对象应用文本绕排时，InDesign CS6 便会在对象周围创建一个边界。

1）打开文本绕排调板

选择【窗口】>【文本绕排】，打开"文本绕排"调板（图 2-65）。

2）创建文本绕排

（1）沿定界框绕排的效果（图 2-66）。

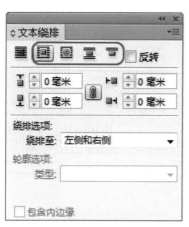

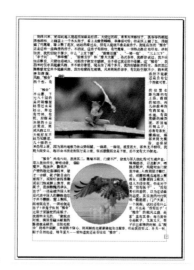

图 2-65   图 2-66

图 2-67   图 2-68   图 2-69

（2）沿对象形状绕排的效果（图 2-67）。

（3）上下型绕排的效果（图 2-68）。

（4）下型绕排的效果（图 2-69）。

3）在使用文本绕排时，需注意以下事项

若想沿图像的轮廓绕排文本，最好先在 PhotoShop 程序中绘制好该图像的剪切路径或 Alpha 通道，或者以透明背景显示方式保存。将图像导入 InDesign 文档时，勾选"置入"对话框中的"显示导入选项"，在激活的"图像导入选项"对话框中选择"显示图层"中的某一图层（图 2-70、图 2-71）。

6. 应用效果

本软件有与 PhotoShop 相同的效果功能，我们不仅可以设置对象的不透明度、颜色混合模式、分离混合等效果，还可以分别为对象和文本添加投影、内阴影、外发光、斜面和浮雕等特效。

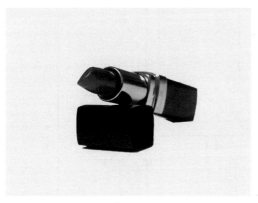

图 2-70

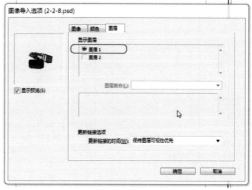

图 2-71

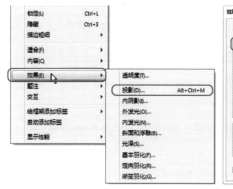

图 2-72

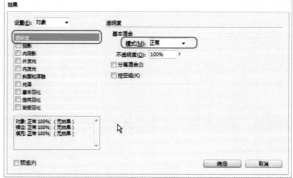

图 2-73

1）打开"效果"调板

选择图形，右键单击出现列表，选择想要使用的效果，如点击"投影"，"效果"调板自动开启（图 2-72）。

2）设置对象效果

通过"效果"下拉菜单，用户可对选取的对象应用投影、内阴影、内外发光、斜面和浮雕、光泽、羽化等效果，这些与 PhotoShop 中的图层样式相似。

3）设置透明度

默认状态下，在 InDesign CS6 中创建的对象均显示为实底状，即 100% 的不透明。通过"效果"调板则可以将对象的不透明度设置为 100% ~ 0% 的任意级别（图 2-73）。

2.5　项目制作

1.方案计划

本书是属时尚生活类书刊，此类书刊图片数量较多，因此开本设置为 16 开，使用 720mm×1000mm 的纸型。首先要划分出等比例的版心网格，在基本网格框架下，其版式设计要丰富多变，不同章节的页面能让人耳目一新。本书是四色印刷，尽量发挥色彩

50 书籍装帧与排版技术

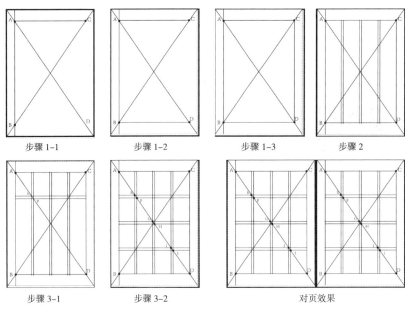

步骤 1-1　　　　步骤 1-2　　　　步骤 1-3　　　　步骤 2

步骤 3-1　　　　步骤 3-2　　　　　　　对页效果

图 2-74

的作用，给人清新、亮丽的感觉，突出皮肤的光滑细腻、健康阳光，体现女性所向往的舒适生活。

1）开本尺寸为 170mm×239mm，采用开本和版心等比例关系，寻找合适的版心尺寸，并划分出栏格和网格，绘制草图步骤如下：

（1）首先在版面建立对角线，在距离书口 15mm 的位置建立一条垂直线 AB 交对角线于 A、B 点，从 A 点引一条直线至对角线 C 点（图 2-74 中步骤 1-1），从 B 点引一条直线至对角 D 点（图 2-74 中步骤 1-2），连接 CD 点（图 2-74 中步骤 1-3）。

（2）AC 点测量 140mm，以 AC 线段为标准，分 4 栏，栏间距为 4mm（图 2-74 中步骤 2）。

（3）在对角线与分栏线的交点 E 上，建水平线；在对角线与分栏线的交点 F 上，建水平线（图 2-74 中步骤 3-1）；用同样方法，依次在对角线与分栏线交点 G、H、I、J 上建水平线（图 2-74 中步骤 3-2）。

此时，我们已建成 4×4=16 格，所有的矩形网格、版心和页面三者都是同一比例，因此在视觉上是整体和统一的。我们再测量上、下边距为 21mm（图 2-74 对页效果）。

2）网格画好后，在草图上设计版式布局，根据文本内容和图片，设想图片放置的位置和处理方法。

本项目的设计构思是左页以图片为主，选取能给人以清爽、阳光、健康的感觉的图片；右页以文字内容为主，按照网格框架进行填充，并参照分栏线，采用通栏、破栏的方法，增强文本排布的变化。

2. 新建文档、划分网格

1）新建文档

使用 InDesign 新建文档，设置页数为 3，设置宽度 170mm，高度 239mm。设置上、下边距为 21mm，内、外边距为 15mm。分基本栏为 4，栏间距 4mm（图 2-75）。请参照教学视频 2-1。

图 2-75

2）制作网格

（1）如上所述，首先在新建页面的左页上画出对角线，依照对角线与分栏线相交的点，使用标尺参考线的方法，做出一组水平参考线。依次类推，在新建页面的右页上，做出一组参考线（图 2-76）。其次，将网格细分，在第二列单元格中再做出两条水平参考线，将这列网格一分为二（图 2-77）。请参照教学视频 2-1。

（2）删除对角线，并锁定参考线，点击【视图】>【网格参考线】>【锁定参考线】。

3. 置入底图

作为背景的底图，通常放置在页面的最下方，上面放置文字和图片。但由于底图面积大，在选择的过程中很容易被误选，因此需要固定底图。方法有两种，一是新建若干图层，分层放置；二是直接锁定图片的位置。下面我们采用分层放置的办法：

1）新建图层，打开"图层"调板，点击下方图标新建图层。分别双击这两个图层，更改名称为"底图层"、"文字层"（图 2-78）。请参照教学视频 2-2。

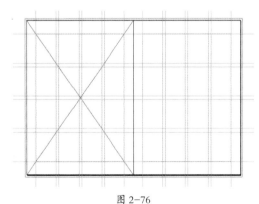

图 2-76

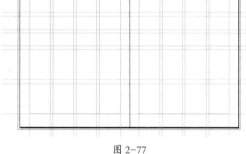

图 2-77

图 2-78

2）置入底图，请参照教学视频2-2。

（1）首先选中"底图层"，【文件】>【置入】。打开"置入"对话框，选择素材中图2-1（海），点击打开。

（2）需要去除掉图片上方岛屿，并与白色背景自然过渡。单击【工具栏】中【渐变羽化工具】，用鼠标在图片中拖动，隐藏上方部分图片（图2-79、图2-80）。

（3）打开"图层"调板，锁定"底图层"图层。

4. 制作书眉

在左页面的左上角，使用【圆形工具】画出圆形，将【填充色】设定为紫色（C：66，M：77，Y：0，K：0）。制作文本框，输入文字"BODY skin protection"，并设定为白色。请参照教学视频2-3。

5. 置入文本

使用【选择工具】，点击菜单【文件】>【置入】，打开"置入"对话框，找到所要置入的文件，点击打开。或者使用【文字工具】，直接在文本上复制、粘贴文本（当段落零散并且内容不相关联时，最好使用复制、粘贴的方法，本项目应使用这种方法），将文字排入通栏文本框（图2-81）。请参照教学视频2-4。

图2-79　　　　　　　　　　　　　　　　　图2-80

图2-81

6. 置入图片

1）置入图片，请参照教学视频 2–5。

依次从素材中置入 TIF 格式图片 2–2（人物倒影）、2–3（人物投影）、2–4（人物），置入图片 2–5（化妆品），通过调节图片的适合方式，将三张图片按比例放大或缩小（图 2–82、图 2–83）。

2）调整图片，请参照教学视频 2–5。

（1）选择素材图片 2–2（人物倒影）图，单击右键选择【效果】>【透明度】，打开"效果"对话框，将"不透明度"改为 50%（图 2–84、图 2–85）。

图 2–82　　　　　　　　　　　　　　　　图 2–83

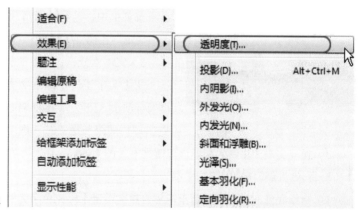

图 2–84

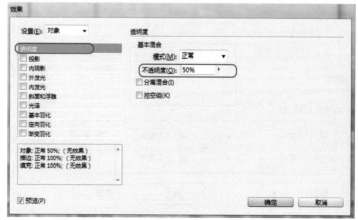

图 2–85

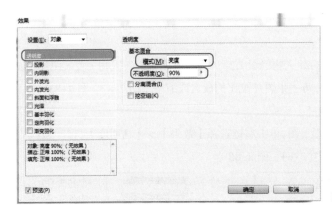

图 2-86

图 2-87

（2）选择素材图片 2-3（人物投影），将"不透明度"改为 90%，"模式"改为"亮度"，请对比前后两张图中投影的色彩变化（图 2-86、图 2-87）。

7. 制作"Moe 萌萌的切身体会"文本

1）建立圆角边框，请参照教学视频 2-6。

在右页，首先选择【矩形工具】，依据分栏参考线画出矩形边框，【描边色】为（C：15，M：100，Y：100，K：0），其次，选择【对象】>【角选项】，打开"角选项"对话框，在下拉菜单中，选择"圆角"。设置"5mm"半径弧度，点击"确定"。（图 2-88）

2）文本框分栏，请参照教学视频 2-6。

用【文字工具】画出文本框，选择【对象】>【文本框架选项】，打开"文本框架选项"对话框，选择"分栏数"为 2，"栏间距"是 4mm（图 2-89）。

3）置入文本，复制、粘贴该段落文本（图 2-90）。

8. 置入"微精华原生液"文本

1）制作底色，首先制作圆角矩形，其次设置【填充色】为浅蓝色（C：24，M：2，Y：4，K：0），单击右键选择【效果】>【透明度】，打开"效果"调板，将透明度改为 50%。

2）用【文字工具】输入标题，选中文字，设置文字描边为白色，改变描边粗细为 2 点。

3）制作文本框，复制、粘贴该段落文本（图 2-91）。

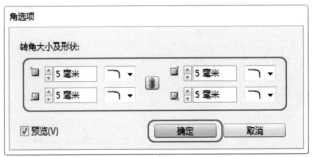

图 2-88

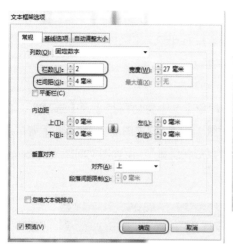

图 2-89　　　　　　　　　　　　　　　　　　图 2-90

图 2-91

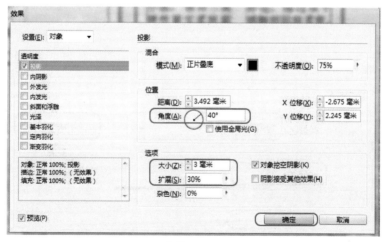

图 2-92

9. 置入并调整图片

1）置入素材图片 2-6（婚纱女）后调整图片。

（1）使用【选择工具】选中图片，设置【描边色】为黄色，粗细为 2 点。

（2）单击右键选择【效果】>【投影】，打开"效果"对话框，设置"角度"40°，"大小"3mm，"扩展"30%（图 2-92）。

2）使用【旋转工具】旋转图片，并将图片移动放置在文字之上。

3）设置图片文本绕排。选择【窗口】>【文本绕排】，打开"文本绕排"调板，选择"沿定界框绕排"，设置图文间距离为2mm（图2-93、图2-94）。

10. 制作去底图片

1）先置入素材图片2-7（化妆品），然后选择【对象】>【剪切路径】>【选项】，打开剪切路径调板，在下拉菜单中，选择"检测边缘"（图2-95）。设置图片文本绕排，【窗口】>【文本绕排】，打开"文本绕排"调板，选择"沿对象形状绕排"，设置图文间距离为2mm

图2-93   图2-94

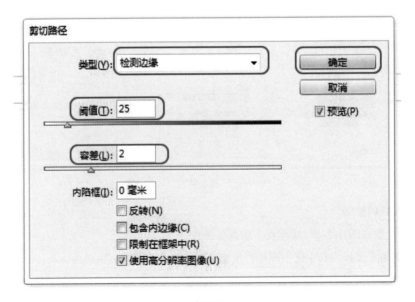

图2-95

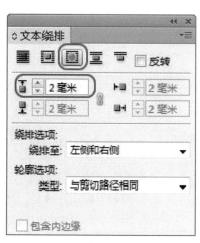

图 2-96

图 2-97

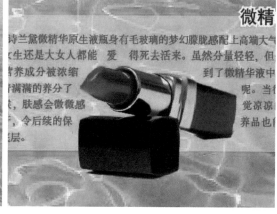

图 2-98

图 2-99

（图 2-96、图 2-97）。

2）置入素材图片 2-8（口红），方法与上面相同，不再重述（图 2-98、图 2-99）。

11. 制作页标题

在左页的左下角，制作页标题，"BODY·护肤宝典"，使用宋体字。在右上角制作直线，输入章节名称"驻颜系列"，文字可使用方正综艺简体。

12. 制作页码

在左、右页面下方制作页码，并利用坐标正、负值制作对称。

13. 保存文档

点击菜单【文件】>【存储】，打开"存储为"对话框，"保存类型"选择 InDesign CS6 文档，点击"保存"，即完成保存为 indd 格式样张，至此本项目制作已基本完成（图 2-100）。

图 2-100

项目小结

本项目学习内页制作方法，重点学习网格制作和图片处理。分栏和网格都是一种寻找版面秩序的方法，使版面排列的文字和图片符合一定的比例关系，视觉上统一、规则。图片一般分为出血图、去底图、裱框图等，在介绍产品时，常常使用去底图，此种方法可以让读者不受背景环境干扰，而关注产品本身。去底图还会产生浮动的效果，与读者更加亲近。此外，本项目是属时尚类书刊，图片丰富，要大量使用图文混排，因此文本绕排就显得十分重要。使用文本绕排，可以强化图文之间的互补关系，使单一方向排列的文字富有变化。

课后练习

1）情景导入

青岛出版社将要出版 BODY 系列丛书之一，《BODY·服饰搭配》一书，详尽介绍那些"特别会穿衣服"的女士们的秘密，教授人们寻找适合自己的颜色，学习色彩搭配技巧。介绍流行元素和特别的款式设计，及如何能使衣饰整体风格让人赏心悦目。该书属于时尚类，此类书籍版式新颖，色彩艳丽，图片丰富。请设计人员制作其中的一个内页样张。项目任务要求页面有完整的页眉、页码等结构，设计风格清新典雅、时尚大度，运用较多的潮流元素。

2）设计要求

书籍开本：210mm×297mm。

印刷方式：四色印刷。

使用 Adobe InDesign 建立文档，进行排版，保存为 indd 格式样张。

项目三　平装书设计与制作——
《最美中国丛书之三——彩云之南》

项目任务

1）情景导入

中国旅游出版社，近两年推出《最美中国》系列丛书，收到较好的反响，现在要推出这册《最美中国系列之三——彩云之南》，本书打破陈规，特别收录了业内人士精心遴选的 40 处云南最美的风景，40 种美味小吃，10 篇业内游记，23 个酒店，以及在云南应当去体验的最有乐趣的 20 件事情，勾画出一个美丽并且多情的真实云南。现在请设计人员设计书籍封面和内页，并装订成册，制作成样本。本项目属于大众书刊，因此要求体现书籍信息量大，实用性强的特点。采用标题鲜明、版式活泼、色彩亮丽的风格，充分体现一个多彩的云南。

2）设计要求

书籍开本：140mm×205mm。

印刷方式：四色印刷。

装订方式：铣背胶订。

要求封面、封底、扉页、目录页等结构完备，输出为 PDF 文件，并打印样张、装订成册，最终制作成为样本。

重点与难点

本项目重点学习平装书的封面、扉页、目录页、章扉页等部分的设计与制作方法，了解一部分印后加工技术。本项目难点是书籍封面设计，封面是书籍的脸面，它以什么方式面对读者会直接影响产品市场销量，因此封面设计既要有一定的艺术性，又要符合市场需求，符合这一类读者群体的心理需要，这二者要兼顾。所以，在设计制作之前学生要进行市场调研，观察此类书籍的共同特征，并且根据设计要求反复揣摩设计方案。

建议学时

10 学时。

3.1　平装书封面

1. 封面定义

封面起着美化、宣传书刊和保护书芯的作用，同时还起到便于查阅和销售书刊的作用。封面的定义分为广义和狭义两种。广义是指印刷品在装订成册后，粘接在书芯外面的覆盖物，也称封皮、包封等，包括封面、封底、书脊和勒口（图 3-1、图 3-2）。在期刊中封面又细分为封一（封面）、封二、封三、封四（封底）和书脊。狭义仅指封一，即印有书名、作者名、出版社名等信息的正面页面（图 3-3 KentLyons 设计）、（图 3-4）。

2. 书脊设计

书脊，又称书背，是联接封面和封底的转折部分，位于书芯的装订位置，书脊的面积体现了书芯的厚度。书脊面积虽小，但功能相当重要，当书籍放置在书架时，仅露出书脊的位置，因此书脊承担着必要信息介绍，以便于读者在书架上查找（图 3-5 Coralie Bickford-Smith 设计）、（图 3-6 Isabel Seiffert 设计）。

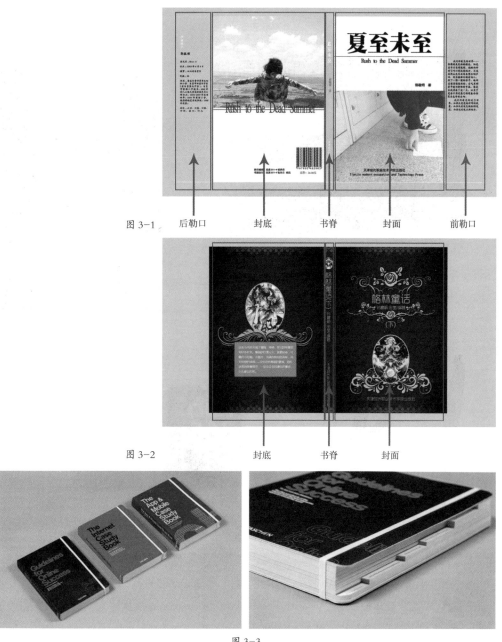

图 3-1　　　　后勒口　　　　封底　　　　书脊　　　　封面　　　　前勒口

图 3-2　　　　　　　　封底　　　书脊　　　封面

图 3-3

图 3-4

图 3-5

图 3-6

图 3-7　　　　　　　　　　　　　　　　　图 3-8

1）书脊通常印有丛书名称、书名、作者姓名、册次、出版社名称等信息。有些装订方式没有书脊，不需要设计书脊信息，如骑马订（图 3-7 Amanda Mocci 设计）、活页装（图 3-8）、古籍线装等。而胶订、锁线订、铁丝平订等装订方式通常都有书脊。

2）书脊设计方法

（1）书脊设计的整体性：书脊不是孤立存在的，它要与封面、封底相呼应，形成统一协调的整体美感。因此，书脊可借助于封面、封底上相同的图形、字体、色块、线条等元素进行设计，实现其整体性。

（2）丛书书脊的统一与对立：设计丛书书脊时，既要体现统一的整体美感，还要能够区分出不同册次，因此需要运用统一与对立的两种方法。实现统一的方法有：相同的图形、相同的色彩、相同的字体、相同的版式，还有图形或文字的拼合，用来代表同一系列书籍；实现对立的方法有不同的色彩、不同的图形，用来代表不同的册次（图 3-9、图 3-10 Ana

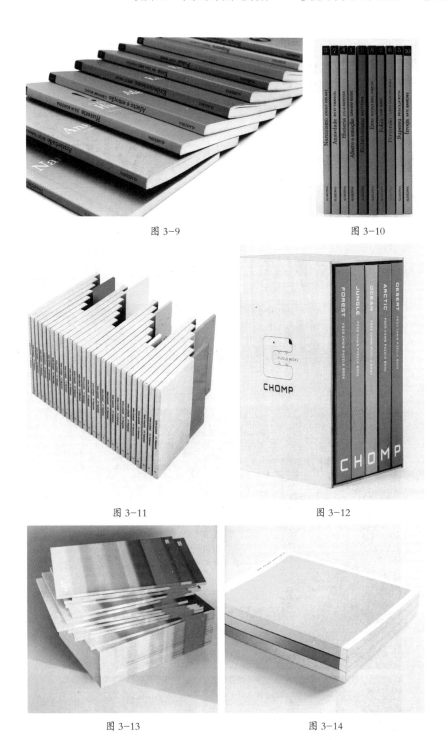

图 3-9

图 3-10

图 3-11

图 3-12

图 3-13

图 3-14

Boavida 设计)、(图 3-11)、(图 3-12 Mirim Seo 设计)、(图 3-13、图 3-14 Collider 设计)、(图 3-15 Yamazoe Keisuke 设计)、(图 3-16 Philipp Hubert 设计)。

3.腰封

腰封也称书腰纸,又称半护封,是图书的可选配部件之一,是包裹在图书封面中下部的一条纸带,属于外部装饰物。腰封一般用牢度性较强的纸张制作。

1）腰封的高度一般相当于图书高度的 1/5、1/4，一般不超过 1/2。通常设置为 50mm 左右较为合适，但近年来尺寸更加自由，大小不一，甚至接近于护封的效果。它的宽度则等于封面、封底、书脊和前后勒口之和（图 3–17 Eva Blanes 设计）。

图 3–15   图 3–16

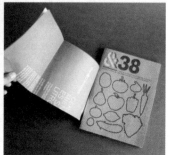

图 3–17

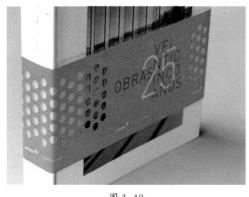

图 3-18　　　　　　　　　　　　　　　　　　图 3-19

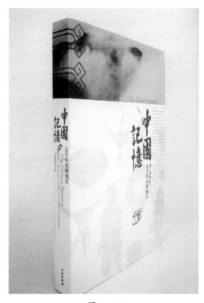

图 3-20　　　　　　　　　　　　图 3-21

2）腰封主要作用是装饰封面或补充封面的内容，腰封上印有与该书相关的宣传、推介性文字，如销量、奖项、效果等，广告成分居多。腰封原来多用于精装书籍，但近年来在平装书籍上广泛使用，已超过精装书籍的使用量。腰封设计风格同封面整体风格相似，彼此映衬。外形可使用模切加工，增加封面的装饰效果（图 3-18、图 3-19 Blanca Prol 设计）、（图 3-20，加腰封，敬人工作室设计、图 3-21，未加腰封，敬人工作室设计）。

3.2　平装书扉页

1. 扉页定义

扉页，又称副封面、书名页，现在指平装封面下或精装环衬下印有书名、作者、出版者的单张页，它是封面与正文之间的过渡页面，如果把封面比作是大门入口，扉页就是门厅和走廊。

图 3-22   图 3-23

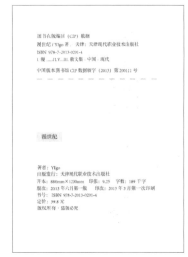

图 3-24   图 3-25

2. 平装书扉页的结构与内容

扉页分为广义的扉页和狭义的扉页，广义的扉页包含：正扉页、版权页、前言页、目录页、章扉页，而狭义的扉页仅指正扉页。

1）正扉页

通常平装书的正扉页大多只占一个页面——右页，也有一些书籍的正扉页占两个页面，左右两页合称为双扉页。它的作用是向读者再次介绍书名、作者名和出版社名。设计风格与封面统一，版面要求简洁大方，适当运用图案点缀（图 3-22、图 3-23）。

2）版权页

版权页通常有图书在版编目、著录数据、检索数据、其他附记四部分，详细记录了开本、字数、版次等信息。版权页的内容较多，字体比正文小些。设计上一定要清晰明朗，各部分之间运用留白和线条加以分隔（图 3-24、图 3-25）。

图 3-26　　　　　　　　　　　　图 3-27

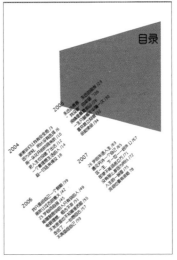

图 3-28　　　　　　　　　　　　图 3-29

3）序言页/前言页

序言页/前言页是表明作者著书原因和过程，说明书籍要旨，以及期间得到的帮助和对此的感谢，也可寄予某种愿望或表达某种情感。常见的有作者序、非作者序和译者序三种，非作者序言通常是作者请专家、师长代写，要格外重视，一般放置在书籍右页，并留有大量空白（图 3-26、图 3-27）。

4）目录页

目录页是整个书籍的纲领，显示全书的结构顺序，必须条理清楚、层次明确。目录页一般放在前言页的后面，但有时也置于前言页之前。目录页的字体、字号要根据章节标题的级别而定，通常分为三级标题，各级标题之间使用不同字体、不同字号、不同缩进、不同行距来区分。目录页的版式设计中最重要的要求是整齐划一，通常可以利用一些符号作为占位符，放置在长短不齐的标题和页码之间，以求得视觉上的均衡（图 3-28、图 3-29）。

图 3-30   图 3-31

5）章扉页

章扉页是在每一个章节之前，提示新一章的开始，起到调整阅读节奏的作用。章扉页一般只有章节序号与章节名称，也可以加入引言内容，适度配上图片（图 3-30、图 3-31）。

3.3 书籍设计原则

1. 世界最美的书

德国莱比锡"世界最美的书"评选活动，规模盛大，影响广泛，它也成为世界著名的出版行业盛会。在 2010 年由中国选送的《诗经》一书因其典雅、质朴而又不失创意的装帧设计，荣获"世界最美的书"称号（图 3-32、图 3-33 刘晓翔设计）。"世界最美的书"评选强调书籍整体的艺术氛围，要求书籍的各个部分包括护封、环衬、扉页、目录、版面、插图、字体等

图 3-32   图 3-33

图 3-34

图 3-35

均要在美学上保持一致（图 3-34、图 3-35 朱赢椿设计）。

评选原则主要有以下四点：一是形式与内容的统一，文字与图像之间的和谐，恰当而有效地表现书籍内容。二是书籍的物化之美，对质感与印制水平的高标准要求。三是原创性，鼓励想象力与个性，提倡创新。四是注重历史的积累，体现文化传承，鼓励具有时代特色和民族风格的设计（图 3-36 瀚清堂设计）。

2. 书籍设计整体性

1）美在于整体

（1）托马斯·阿奎那认为美有三方面因素：内在的完整统一、比例和华彩。他认为凡是不完整的就是丑的，因此美在于整体。

图 3-36

（2）阿恩海姆提出了完形心理学美学，"格式塔心理学"（Gestalt Psychology）。"格式塔"是德文 "Gestalt" 一词的音译，指的是 "形式" 或 "形状"。他认为 "整体大于部分之和"，通过视觉将各个局部加以连接，通过心理有倾向性的补充，使视觉美感扩充化、完整化。局部与整体的关系不是简单的一加一等于二，而是等于三、五、十……不断地丰富（图 3-37 Adrian Meseck 设计）、（图 3-38）。

2）多维与整体

（1）三维性：书籍不是纯粹的平面，在装订之后书籍是立体的，是具有三维空间的物体。无论书籍是长方体，或是圆柱体，都是存在于三维空间之内，是由许多的面合围而成，因此各个局部的面相互影响、叠加，构成了整体的美感（图 3-39 ewelina sosniak 设计）、（图 3-40、图 3-41 Fraser clark 设计）、（图 3-42 Veronika Salzseiler 设计）、（图 3-43、图 3-44 Francis Nirmalan 设计）、（图 3-45、图 3-46 Anna Wexler 设计）。

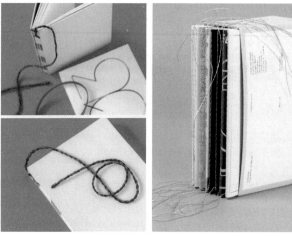

图 3-37   图 3-38

图 3-39

图 3-40   图 3-41

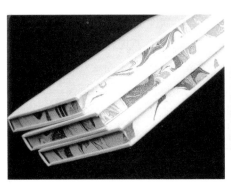
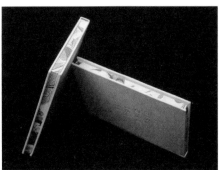

图 3-42

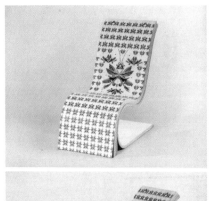
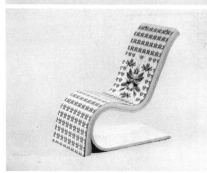

图 3-43

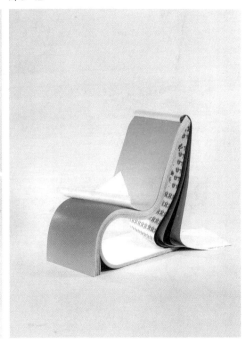

图 3-44

图 3-45

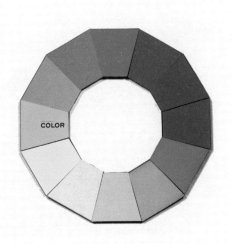

图 3-46

（2）四维性：人们在观察书时，始终处于动态，而非静态，观察顺序有先有后，因此书籍具有时间性。当阅读书籍时，无论人们将书快速翻动，或是一页页慢慢阅读，人们的视线始终在书页中流动。书籍的文字和图片交汇成思想和情感，不断激发着大脑的思维，慢慢融化成为读者的感受。在这个过程中，人的视线、手的动作、思维的过程，都不仅仅存在三维空间，而是加入了时间作用，进入了四维的空间状态（图 3–47、图 3–48、图 3–49 Yuma Harada 设计）、（图 3–50、图 3–51、图 3–52、图 3–53 吕旻与杨婧设计）、（图 3–54、图 3–55、图 3–56、图 3–57、图 3–58、图 3–59 吕敬人设计）。

图 3–47　　　　　　　　　　　　　　　　图 3–48

图 3–49

图 3–50　　　　　　　　　　　　　　　　图 3–51

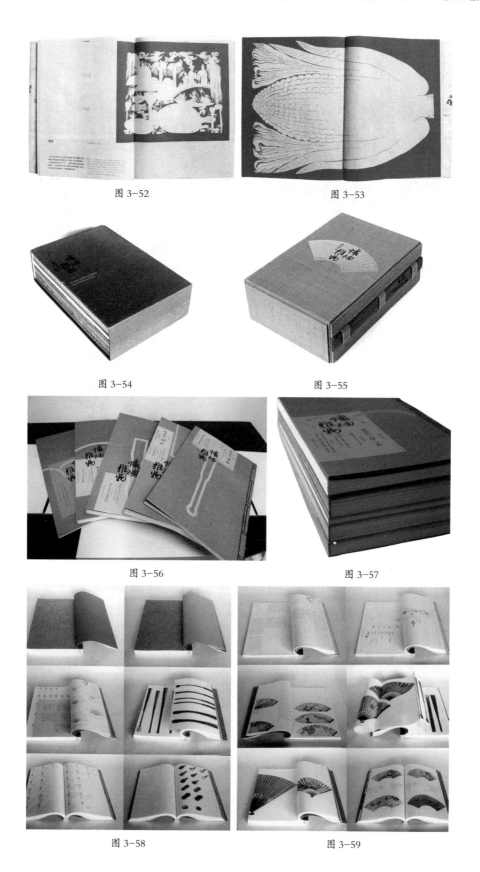

图 3-52　　　　　　　　　　　　　　　　图 3-53

图 3-54　　　　　　　　　　　　　　　　图 3-55

图 3-56　　　　　　　　　　　　　　　　图 3-57

图 3-58　　　　　　　　　　　　　　　　图 3-59

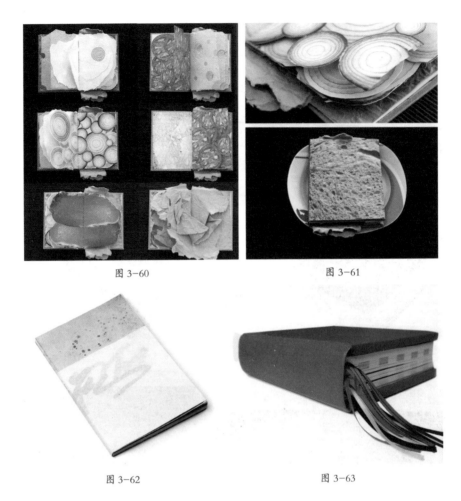

图 3-60   图 3-61

图 3-62   图 3-63

3. 书籍"五感"之美

日本设计师杉浦康平提出书籍有"五感"之美,从多个角度阐释了书籍的美感。其总结为:视觉美感、嗅觉美感、触觉美感、听觉美感、味觉美感(图 3-60、图 3-61 Pawel Piotrowski 设计)。这五感扩充了我们对书籍美感的普遍认知,改变了仅仅美化封面的局限性,将书籍融入了更多的感知范畴,对于一个爱书的读者来说,肯定能够感受到这"五感"所带来的享受。

其中触觉美感又可以详细划分为:

1)重量:书有厚薄之分,其厚度与纸张材质和内容数量相关,东方古代书的纸质轻柔,书籍较薄,阅读时多是捧于手上,朗朗诵读。西方的书纸质较厚,书籍较厚,阅读时常放置在书桌上,因此不厌其厚。两者不分高低,各有特点,书籍轻盈捧在手边把玩,让人心情愉悦;书籍厚重让人感到知识量的丰富,有一种踏实稳重感(图 3-62 Trapped in suburbia 设计、图 3-63 Zhao Qing 设计)。

2)材质:纸张本身质感就有许多的不同,有的表面光滑如镜,有的纹理粗糙,有的坚硬厚实,应用不同的纸张,都会对读者产生不同的触感,光滑的纸张,华丽富贵;柔软的纸张,温文尔雅;粗糙的纸张,粗犷大气。这些感觉都会通过指尖传到人感知系统,成为美的一部分(图 3-64、图 3-65 Yukimasa Matsuda 设计)。

　　3）工艺：印刷工艺也可以造成很多不同的触觉，UV、凹凸压印，即在视觉上产生了不一样的光影效果，同时也产生了触觉美感（图3-66、图3-67 Andren Artiva 设计 ）、（ 图3-68 Folch Studio 设计 ）、（ 图3-69、图3-70 ）、（ 图3-71、图3-72 Eisuke Tachikawa 设计 ）。

图 3-64　　　　　　　　　　　图 3-65　　　　　　　　　　　图 3-66

图 3-67　　　　　　　　　　　图 3-68

图 3-69　　　　　　　　　　　图 3-70

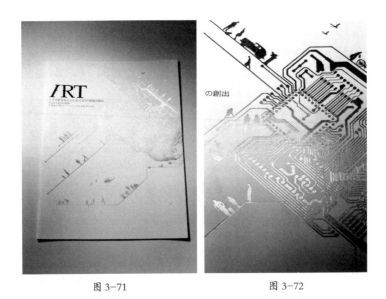

图 3-71   图 3-72

3.4　InDesign 基础知识

1. 主页与子页

主页是子页模板，子页是主页的重复应用。主页本身并不计算在打印输出之列，在页面调板上主页与子页分开放置。主页与子页可以比作父子关系，主页上面有的图文，对应的子页一定会有；子页上有的图文，主页不一定会有。主页作为模板，通常放入各个页面中最多使用的重复元素，如页眉、页码、页脚、标志、装饰图形等，这些图文位置相似，一次制作，可反复使用若干页面。当更换不同章节时，可建立不同的主页，分别应用于不同章节的页面。

1）创建主页的方法

（1）点击菜单【窗口】>【页面】，打开"页面"调板，点击"页面"调板上右上角下拉菜单，选择"新建主页"，打开"新建主页"调板（图 3-73）。

（2）输入"前缀、名称"，选择"基于主页、页数"。"基于主页"：这表示可以用其中的一个主页作为模板，在新建主页的同时，拷贝原有主页的图文内容，但是如果作为模板的主页中图文发生变化，那么应用了基于主页的新主页也会发生变化，两者之间也建立了父子关系（图 3-74）。

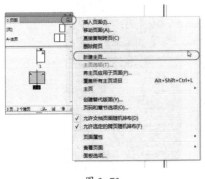

图 3-73

图 3-74

（3）点击"确定"。

2）应用主页

（1）第一种方法：可以按住鼠标左键将主页直接拖拽至子页上应用，拖拽过程中出现抓手符号，之后子页面会出现更新后的前缀符（图 3-75、图 3-76）。

（2）第二种方法：可以按住 Shift 连续选取子页面，点击"页面"调板右上角下拉菜单，在下拉菜单中选择将"主页应用与页面"，打开"应用主页"调板进行设置（图 3-77）。

3）取消应用主页

可以按住鼠标左键，按住主页"无"，将其拖动到子页之上，即取消应用主页。

4）删除主页

选中目标主页，按住鼠标左键将其拖动至"垃圾箱"，弹出的对话框中提示"主页应用于页面，仍要删除吗？"选择"确定"，即可删除（图 3-78）。

5）覆盖主页对象

在应用主页的子页上，为了使某些主页元素作出略微更改，而保留其他元素，使用"覆盖所有主页项目"，即可对其局部修改。此时主页与子页仍有链接，但被修改部分的链接已丢失，当主页更新时，被修改部分不随之更新，未修改部分依旧随之更新。覆盖主页对象常用于更改章节名称、元素颜色、页码遮挡等事项（图 3-79）。

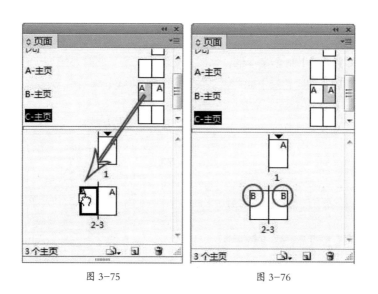

图 3-75　　　　　　　　　图 3-76

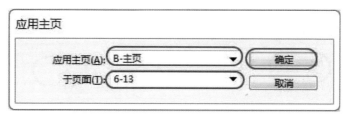

图 3-77

2. 设置自动页码

主页的另一个最大作用就是在主页上添加自动页码，就可以在对应的子页中出现连续的页码，并且无论子页如何增加、转移、删除，都能够依次排列，不会出现混乱。

1）建立自动页码

（1）制作文本框：使用文本工具在页面适当位置画出文本框，当光标闪烁时，更改字体、字号。

（2）插入页码：点击【文字】>【插入特殊字符】>【标志符】>【当前页码】，此时在主页页码处并不出现 1、2、3、4 等序号，而是出现 A 或 B 或 C 等字母，这是主页的前缀。此时查看子页的页码位置已经有相应的页码数字出现（图 3-80、图 3-81）。

2）自定义页码和起始页

默认情况下页码都是从第一页开始，但正如前面提到的知识内容，很多书籍的正扉页、目录页、前言页都是无码，而真正的页码往往在 7 ～ 12 页之后才开始，因此，需要重新设置起始页码。

（1）打开"页面"调板，选择页码起始子页面，单击右键，选择其中"页码和章节选项"点击选中"起始页码"输入 1，即可将当前页的页码设置为第一页。

（2）还可更改页码样式，设置为双位，或三位数字（图 3-82、图 3-83）。

3. 创建文字轮廓

在设计中我们需要字与字间的变化、组合和点缀，形成独特的设计风格，以吸引读者的目光。此外，在输出 PDF 文档，交付印刷时，为了防止在印刷设备中因字体缺失无法识别，甚至出现乱码，因此要使用文字创建轮廓，将文字变为路径图形，便于使用锚点改变字形或者输出印刷。

1）使用【文字工具】制作文本框，如图分别输入文字。此时要使用【选择工具】，选中文字的文本框，否则【创建轮廓】就一直是灰色的（图 3-84）。

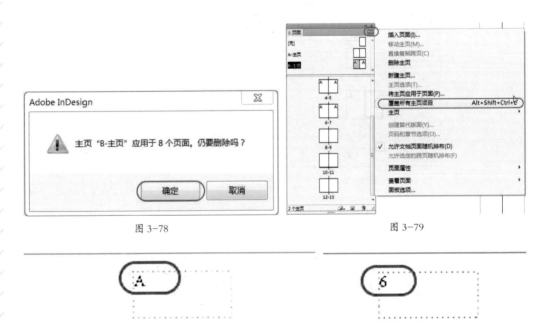

图 3-78　　　　　　　　　　　　图 3-79

图 3-80　　　　　　　　　　　　图 3-81

2）点击【文字】>【创建轮廓】,此时文字已成为路径图形,出现锚点,并且不能再使用【文字工具】更改（图 3-85）。

3）使用【删除锚点工具】、【添加锚点工具】,修改原有文字,增加图形,使其具有设计创意（图 3-86、图 3-87）。

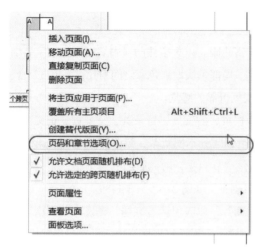

图 3-82

图 3-83

图 3-84

图 3-85

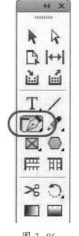

图 3-86

图 3-87

3.5　项目制作

1. 方案计划

1）本项目是属旅游类书刊，此类书刊共同特征是信息量大，图文并茂，版式活泼丰富，封面色彩艳丽。由于本书用作休闲读物，也可作为旅行指南，适于小型开本，携带方便，因此设定为大 32 开，使用 850mm×1168mm 的纸型。

2）本书封面设计风格应趋向于鲜明直白，丰富热闹。以大字体凸显书名，增加文字装饰效果。封面色彩以暖色为主调，激发人们旅游热情，局部色块增强色彩之间对比，突出赏、食、游、行、宿五方面的信息量，给读者信息量大，实用可靠的感觉。

3）本书内页设计结构明确，按照正扉页、版权页、前言页、目录页、章扉页、正文页的顺序依次递进。在正文部分，本书需要通过不同色调区分不同章节，第一章橙色调、第二章蓝色调、第三章绿色调、第四章紫色调。通过强化章节标题，增强版面的装饰感，其余小标题则使用图形、符号装饰，并且根据文字内容加以创意，如图 3-88、图 3-89。

4）本项目需大量使用风景优美、色彩亮丽的图片，以吸引读者兴趣，诱发旅行愿望。本书正文运用去底图、出血图、随文图等多种排版方式；采用沿定界框绕排、沿对象形状绕排、上下型绕排等文本绕排方法，尽可能避免矩形图片的单调重复。将这些图片精心加工，让读者充分欣赏云南的秀丽风光，感受到一种视觉享受。

5）本书采用四色印刷，采用胶订方式进行装订。制作本书的样本时，采用激光打印机进行打样，经过覆膜、折页、配页后，使用胶订方式进行装订。因此需要激光打印机、铣背胶订机、覆膜机等设备。

2. 新建文档

1）建立正文文档：内页成品尺寸 205mm×140mm，72 页，设置边距为上：20mm、下：15mm、内：15mm、外：20mm。版心栏数为：3（图 3-90、图 3-91）。

2）建立封面文档：由于正文使用 157g/m² 铜版纸，72 页约为 6.5～7mm 厚，因此预设书脊为 7mm。

（1）计算封面宽度，应用公式：封面宽度 = 书芯宽 ×2+ 书脊厚度 + 出血 ×2，代入数值：140mm×2+7mm+3mm×2=293mm。

（2）计算封面高度，应用公式：封面高度 = 书芯高 + 出血 ×2，代入数值：205mm+3mm×2=211mm。

（3）建立页面后，在 x=143、x=150 处建立垂直参考线，标出书脊的位置（图 3-92、图 3-93）。

图 3-88

图 3-89

3. 制作封面

1）平行四边形的制作。请参照教学视频 3-1。

使用【矩形工具】制作矩形，填充橙红色（图 3-94、图 3-95）。选择【切变工具】，使用鼠标点击矩形中心，此时将参考点放在中心，按住 Shift 使用鼠标横向拖拽，即出现平行四边形（图 3-96、图 3-97）。

2）点状线制作。请参照教学视频 3-1。

（1）制作矩形，更改描边色为黄色。

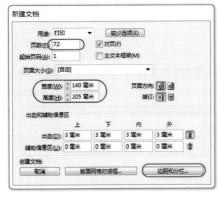

图 3-90

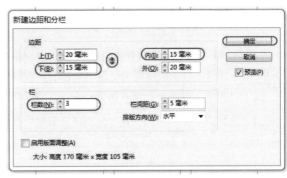

图 3-91

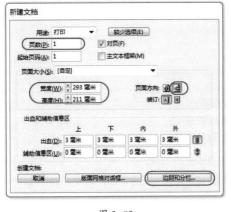

图 3-92

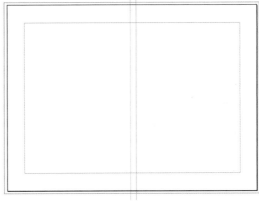

图 3-93

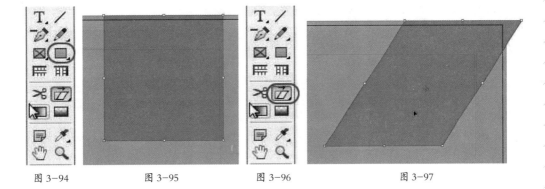

图 3-94　　　　　　　图 3-95　　　　　　　图 3-96　　　　　　　图 3-97

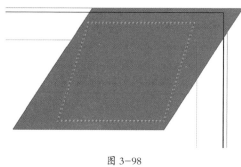

图 3-98

（2）选中图形，在【窗口】>【描边】，打开"描边"调板，更改粗细:4点，在"类型"中选择"圆点"（图 3-98）。

（3）选择【切变工具】，方法与上面相同，在此不在重述。

3）书名制作。请参照教学视频 3-2。

（1）使用【文字工具】分别输入"彩云"、"之南"，并设置为"方正综艺体"，字号 72 点以上，颜色为白色。

（2）使用【选择工具】，选择"彩云"文本框，点击【文字】>【创建轮廓】。

（3）使用【选择工具】,选择"彩云",选择【对象】>【路径】>【释放复合路径】（图 3-99），此时可用【选择工具】选择其中任意笔画部分。使用这种方法需要注意,如果文字为封闭的口、目、国、回等字,释放后,需重新选择其中一部分,修改填充色或删除。

（4）分别选择彩字右侧三撇，分别填充蓝色、红色、黄色，并将其【描边色】修改为白色，设置"粗细"为 2 点（图 3-100）。

（5）先使用【直接选择工具】选择"云"字,出现锚点后,使用【删除锚点工具】,将"云"字下端笔画删除。需要注意的是删除时要从结尾处删起,尽量左右对称依次删除（图 3-101）。置入素材 3-1 云朵图片，调整大小放置在"云"字下边，替代原来的笔画（图 3-102）。更改完毕后，最好将所有的笔画选中进行编组，方便后面移动加工。

图 3-99

图 3-100

图 3-101

图 3-102

4）星状标志。请参照教学视频 3-3。

使用【多边形工具】，双击【多边形工具】，在对话框中，将边数设置为 25，将"星形内陷"设置为 20（图 3-103、图 3-104）。按住 Shift，使用鼠标在画布上拖拽，画出星形，填充为蓝色（图 3-105）。

5）渐变羽化图片。请参照教学视频 3-3。

封面的主色调为暖调，但封底的素材（雪山）色彩过冷，因此针对此图片使用【渐变羽化工具】，使用鼠标拖拽，使图片中部分透明，融入主体色调之中（图 3-106）。其余部分制作方法与前面章节相同，在此不再重述（图 3-107）。

图 3-103

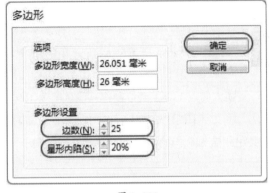

图 3-104

图 3-105

图 3-106

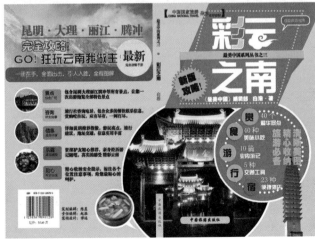

图 3-107

图 3-108

4. 制作扉页

扉页是书籍的第二张脸面，通常延续了封面的风格，但也可以与封面产生强烈对比。本书使用冷色调的图片——白雪、蓝天，与封面的暖色调产生较大视觉反差。书名延续了封面的风格，设置为黄色，与封面色调呼应，"云"字结合了白云图形，并与右方云朵、下方雪山相呼应（图 3-108）。

5. 制作主页

利用"页面"调板制作主页，将设计的书眉、页码通常都放置在主页上，应用于子页中。

1）制作书眉。请参照教学视频 3-4。

（1）双击选取主页 A，在主页上用【矩形工具】制作矩形。

（2）用【添加锚点工具】在下方边线增加锚点，使用【转换方向点工具】调节制作弧线（图 3-109）。

（3）在左页输入文字"云南"，将文字【创建轮廓】后，将"云"字上面的横删除，并把"南"字横划向左延长，和"云"字共用此横（图 3-110）。

2）新建主页

（1）新建主页 B。请参照教学视频 3-5。

在【窗口】>【页面】，打开"页面"调板，单击右上角下拉菜单，选择"新建主页"，打开"新建主页"调板，更改为"基于主页"为 A 主页，此时 A 主页上的所有文字与图片就复制到 B 主页上。

（2）设置自动页码

在页面下方，使用【文字工具】拖拽出文本框，设置字号为 12 点。选择【文字】>【插入特殊字符】>【标志符】>【当前页码】，此时文本框出现 B。复制页码并做对称，制作方法与项目一相同，在此不再重述。

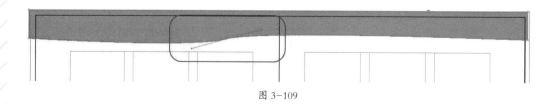

图 3-109

图 3-110

（3）新建主页 C、D、E。请参照教学视频 3-6。

首先，打开页面调板，单击右上角下拉菜单，选择"新建主页"，打开"新建主页"调板，更改为基于 B 主页，重复此动作，分别建立 C、D、E 主页。

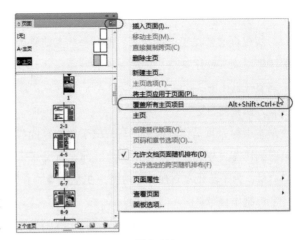

其次，打开页面调板，单击右上角下拉菜单，选择"覆盖所有主页项目"（图 3-111），按照不同章节色调要求，更改 B 主页为第一章橙色调、C 主页为第二章蓝色调、D 主页为第三章绿色调、E 主页为第四章紫色调。并在主页右页上

图 3-111

方分别输入昆明、大理、丽江、楚雄等字，并更改页面色调（图 3-112、图 3-113、图 3-114、图 3-115）。

最后，应用主页。请参照教学视频 3-6。

按住 Shift 连续选取子页面，点击"页面"调板右上角下拉菜单，在下拉菜单中选择将"将主页应用于页面"，打开"应用主页"调板进行设置（图 3-116、图 3-117）。

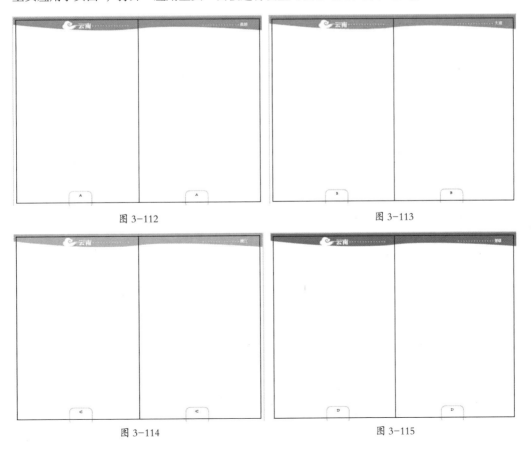

图 3-112　　　　　　　　　　　　　　　　　图 3-113

图 3-114　　　　　　　　　　　　　　　　　图 3-115

6. 制作版权页

版权页通常在正扉页背面，也有一些书籍将版权页放置在整本书的结尾处。它的制作要求清晰明确，秩序规范，通常分为上下两段式，少有底图，偶尔可以用图形或色块装饰，用来调节气氛（图 3-118）。

7. 制作前言页

本书前言页是作者请人代写，出于对专家的尊重，此页应放置在书籍右页。相对而言书籍右页比左页更加正式和重要一些。前言页文字排列在靠右侧的两栏中，左侧留出了较大的空白量，为了防止左右视觉不均衡，在左边增加了竖线和圆点（图 3-118）。

8. 制作目录页

目录页设计要求结构清晰，本书属于休闲类读物，因此章节层次比较简单，设计要图文结合，选取各地名胜，凸显风光特色，吸引读者的兴趣。

1）制作推荐指数对话框。请参照教学视频 3-7。

（1）使用【圆形工具】，按住 Shift 画出正圆形。选择【多边形工具】在空白处双击，出现"多边形"对话框，输入"宽度"5mm，"高度"10mm，"边数"为 3，单击"确定"，出现三角形（图 3-119）。

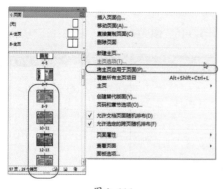

图 3-116

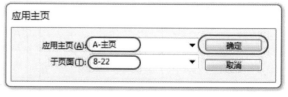

图 3-117

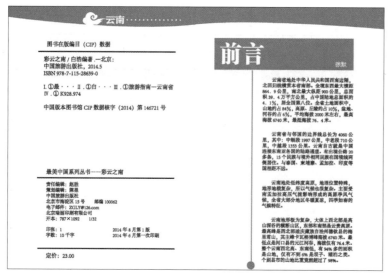

图 3-118

（2）将此三角形放置在圆上，按住Shift，同时选中圆与三角，打开【窗口】>【对象和版面】>【路径查找器】，打开"路径查找器"调板，选择"相加"，此时圆和三角形变为一个整体（图3-120）。"路径查找器"可以看做是图形之间的运算工具，有"相加、相减、交叉、排除、减去后方"运算方式，类似于PhotoShop中的选区计算。

2）制作五角星

使用【多边形工具】，在空白处双击，出现"多边形"对话框，在对话框中输入宽度6mm，高度6mm，边数为5，星形内陷40，单击"确定"，出现五角形（图3-121、图3-122）。

9.制作章扉页

章扉页延续封面丰富热闹的风格，使人们视线再一次活跃。版式设计上重点突出点与面的装饰效果，不同章节的章扉页使用不同色调区分，设置第一章橙色调、第二章蓝色调、第三章绿色调、第四章紫色调。需注意页面中其余颜色与主色调之间的搭配关系，既要有对比，又要协调统一。可以使用【窗口】>【扩展功能】>【Kuler】（图3-123）。使用这个工具可以自动选择和搭配色彩关系。

1）制作底色块

用【矩形工具】，做出矩形框，第一章底图设置为橙色。选中矩形，单击右键选择"锁定"，此时底图左上方出现锁头图标，已将此图形锁定（图3-124、图3-125）。

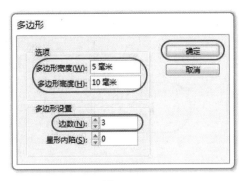

图3-119

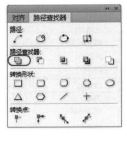

图3-120

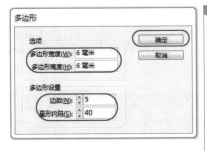

图3-121

图3-122

2）制作圆点装饰

用【圆形工具】，制作一个圆点，填充为白色。同时按住 Alt、Shift 键，使用【选择工具】拖动圆点，复制出第一个圆形（图 3-126），同时按住 Ctrl、Alt、Shift、B，重复刚才动作，继续复制出圆点，直至产生一排圆点。选中这一排圆点，点击右键选择"编组"。按住 Alt、Shift 键，使用【选择工具】拖动圆点向下移动，复制出新一排圆形，按住 Ctrl、Alt、Shift、B，重复刚才动作，继续复制出整页面圆点（图 3-127）。将所有圆点选中编组，更改不透明度为 30（图 3-128）。

继续置入图片、置入文字。其他部分制作方法与前面章节相同，在此不再重述。章扉页的版式一旦确定，在随后的章扉页中尽量保持基本风格，使用相似的版式和元素能够产生整体、统一的美感（图 3-129、图 3-130、图 3-131、图 3-132）。

10. 制作节标题

标题是一篇文章的核心和对主题的概括，是页面中重要的部分，既需要表明篇章在整个书籍结构中的地位和层次，又需要美观醒目，是页面中亮点部分。按照级别可分为一级标题、二级标题、三级标题等。每一级标题的字体、字号都略有区别。教材类、科学类书籍中标题级别比较多，要求规范整齐。而本书属于休闲读物，标题层次较少，要求活泼多变，装饰性强。本

图 3-123

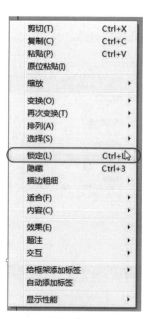

图 3-124

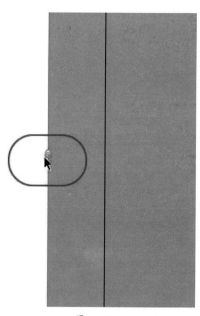

图 3-125

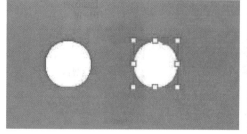

图 3-126

图 3-127

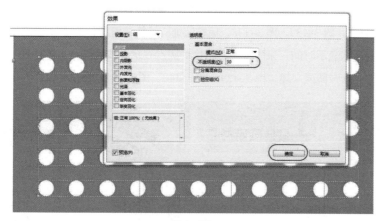

图 3-128

图 3-129

图 3-130

图 3-131

图 3-132

书各章节标题设计基本元素不变，但各章节各有特色，既有变化，又有统一。如图3-133、图3-134、图3-135、图3-136、图3-137、图3-138，标题装饰应该简洁清晰，还要与文字内容紧密贴合。如标题采用表盘形状表示时间，采用不同透明度的圆点表示光线闪烁，这些标题给读者带来不同的视觉新鲜感，增强阅读兴趣（图3-139、图3-140、图3-141、图3-142、图3-143）。

图 3-133　　　　　　　　　　　　　　图 3-134

图 3-135　　　　　　　　　　　　　　图 3-136

图 3-137　　　　　　　　　　　　　　图 3-138

图 3-139　　　　　　　　　　　　　　图 3-140

图 3-141

图 3-142

图 3-143

11. 置入图片

图片是书籍最重要的元素之一，好的图片能使书籍增色很多，如同画龙点睛，增强读者兴趣，使得人们产生无限的遐想。通常照片的形状都是矩形且有固定比例，但在实际应用中，我们不能把图片都用成"豆腐块"一般，要加以丰富的变化。通常文章中，可以划分为随文图和非随文图，又可分为出血图、去底图、跨版图、表框图等。本书属于休闲读物类，又兼有风景介绍的功能，因此图片用量较大，将以上这些方法交替使用，才能发挥出图片的美感。

1）文章中随文图较多，若干图片排列在一起，首先要注意相片色调统一，尺寸比例相似，排列间距相等，外观整齐清晰（图 3-144、图 3-145）。

图 3-144

图 3-145

2）为了体现云南风景中的大气、恢宏，应该适度使用出血图。并且在跨页的满版图上，沿着照片中的轮廓线或中心线适当增加装饰线条，可以强化图片的构成美感，再加入一些排列文字，能够在充分展示迷人风光的同时，增加诗情画意（图 3-146、图 3-147、图 3-148、图 3-149）。

3）文章中也采用了去底图，去底图的优势在于图片具有强烈的平面感，抛开外在环境让读者的注意力集中在事物本身。并且还能够与文字段落形成有趣的形式感（图 3-150、图 3-151）。下面是制作去底图的方法：

（1）在去底图的制作过程中，首先应在 PhotoShop 中，用【魔棒工具】、【套索工具】、【钢笔工具】等方法去掉背景，然后保存为 PSD 格式、TIFF 格式，都可以保持背景透明度。

（2）打开 InDesign，在【文件】>【置入】，打开"置入"对话框，勾选"显示导入选项"，在图层中选择相应的显示图层，点击"确定"。

（3）制作图片边缘，选择【对象】>【剪切路径】>【选项】（图 3-152），打开"剪切路径"调板，在"类型"中，选择"检测边缘"（图 3-153、图 3-154）。

（4）设置图片文本绕排，【窗口】>【文本绕排】打开"文本绕排"调板，选择"沿对象形状绕排"，设置图文间距离为 4mm（图 3-155、图 3-156、图 3-157）。

4）图片的排列，要注重整体感和节奏感。在跨页版式中采用同样规律的图片边框，并且利用小装饰形状让图片彼此之间建立有规律的联系（图 3-158）。在版式中也可使用【钢笔

图 3-146

图 3-147

图 3-148

图 3-149

图 3-150

图 3-151

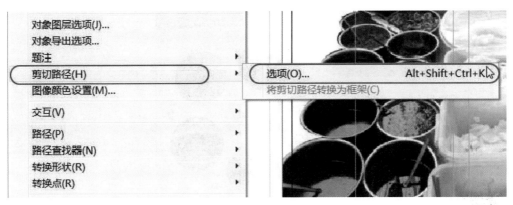

图 3-152

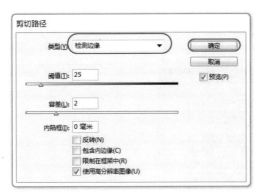

图 3-153

图 3-154

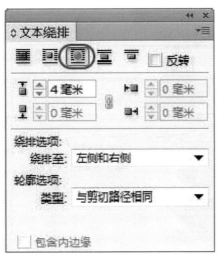

图 3-155

图 3-156

图 3-157

图 3-158

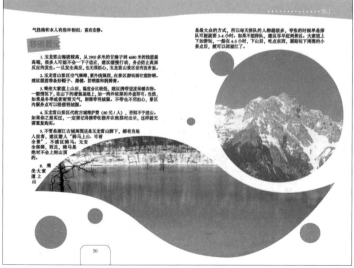

图 3-159

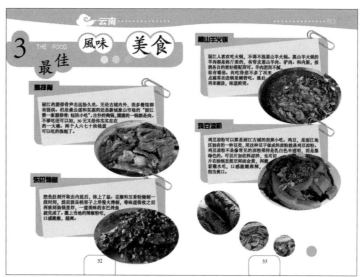

图 3-160

图 3-161

工具】画出异形边框，置入图片，并且利用小圆形创造节奏感，如图 3-159。图片自身是规律的、缺乏变化的，但在设计者的手中却可以点石成金、变废为宝（图 3-160、图 3-161）。

5）图片的链接和嵌入

打开【窗口】>【链接】，打开链接调板，查看链接图像的信息，定稿后将图片嵌入，方法与前面章节一致，在此不再重述。

12. 保存输出文件

当文件制作完毕之后，通常我们都先保存为 InDesign 自身文件—indd 格式，但是此种格式不能够被所有的印刷设备识别，并且在设计中采用的部分特殊字体和输出印刷机器的字体并不兼容，因此在保存输出文件时要进行以下相应的处理。

1）字体格式化（创建轮廓）

用【选择工具】选中文本框，尤其是特殊文字的文本框，例如本书中应用了综艺字体的

图 3-162　　　　　　　　　　图 3-163

文字部分。将这些文本框选中之后，点击【文字】>【创建轮廓】，此时文字已成为路径图形，无论转移至哪种文件格式，文字都不会因缺失字体出现丢失或乱码。

2）输出 PDF 格式

通常我们都将印刷文件输出为 PDF 格式，这种格式与操作系统平台无关，对文字和图像都兼容，可以直接传输到打印机、激光照排机等印刷设备。PDF 格式是压缩文件，压缩比率较大，但色彩损失很小，方便准确，因此现在常用于印刷设备之间的交流格式。

（1）点击【文件】>【导出】，打开"导出"对话框中"保存类型"下拉菜单，选择"Adobe PDF（打印）"，在打开的"导出 Adobe PDF"对话框中选择"常规"选项卡。其中"页面选择"是要选择输出全部页面或是一定范围页面。"跨页"是选择输出页面是否以对页的形式出现，对页形式方便在电脑中查看设计效果，但如果希望用 Adobe Acrobat 直接拼版，最好还是选用"页面"（单页），这种方法便于后期拼大版时的自动顺序排列（图 3-162、图 3-163）。

（2）在打开的对话框中选择"标记和出血"，在"出血和辅助信息区"中选择是否使用出血等信息。

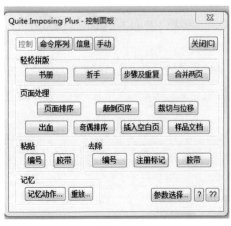

图 3-164

（3）打开的对话框中选择"小结"，在这里软件将会自动指出文档中出现的问题，以便于修改，最后点击"导出"，即可得到相关的文件。

13. 将导出的文件拼版

拼大版，是指在印刷前期，将所有的页面拼合成与印刷机尺幅相匹配的整体页面，并且充分考虑书籍的折页方式和装订方式，以便于制版印刷使用。拼大版可以使用手工拼版，或者使用 InDesign 中的"打印小册子的选项"，也可使用"Adobe Acobat"中的插件进行自动拼版（图 3-164）。在本案例中需要制作样本，采用 A3

幅面激光打印机打印，因此，将本案例中所有的内页按照胶订方式，以 A3 幅面正背排列（图 3-165、图 3-166、图 3-167、图 3-168 ）。

14. 使用打印机打印样本

使用激光打印机打印样本，输入正确拼版的文件，打印输出（图 3-169 ）。

15. 折页与配页

折页是指在印刷后期，已完成印刷的印张要按照拼版时的折页方式进行折页，可以采用手工折叠或机器折叠，在这里我们采用手工折叠。在本案例中使用铣背胶订，采用 A3 幅面激光打印机打印，每一印张可折叠为 8P，找到每一印张最小页码，将它作为首页放在右下角，其

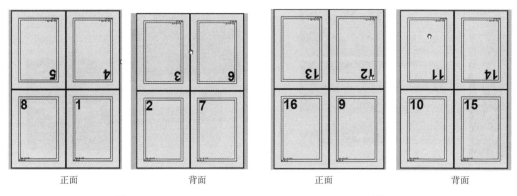

正面　　　　　　　　背面　　　　　　　　　　正面　　　　　　　　背面

图 3-165　　　　　　　　　　　　　　　　　　图 3-166

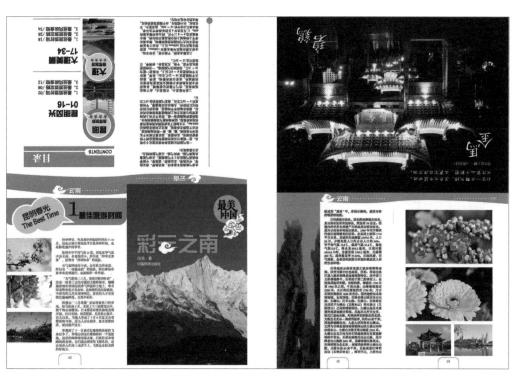

正面　　　　　　　　　　　　　　　　　　　　背面

图 3-167

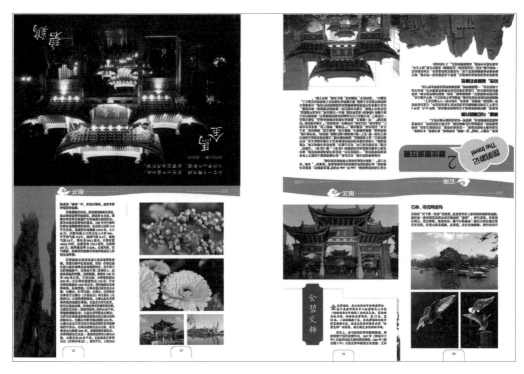

正面   背面

图 3-168

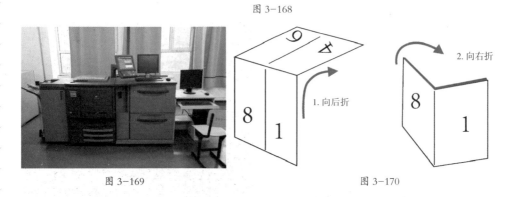

图 3-169   图 3-170

余页面第一次向后折叠，第二次向右折叠，此时形成一个基本书帖（图 3-170、图 3-171、图 3-172），其余印张依次折叠。

配页就是把已折好的全书所有的书帖，按顺序叠配齐全，以准备装订。配页通常分为配书帖和配书芯。本书是平装书，主要是配书芯，把折叠好的书帖，按页码顺序依次将书芯排列整齐，检查是否有错帖、乱贴（图 3-173）。最后放入捆书机中，加压定型（图 3-174）。

16. 铣背和胶订

1）书籍配好书帖后，进行铣背胶订。本案例使用铣背胶订机（图 3-175），开机预热 20 分钟让胶液充分融化。将配页正确的书帖放入卡槽中。

2）胶订的工艺流程

（1）将调配好的书贴，敦实夹紧，放入卡槽中（图 3-176）。

（2）打开铣刀按钮，沿书帖的书背方向用铣刀打毛，削出若干凹槽，增大纸面和胶的接触面积（图3-177）。

（3）放入封皮，按动开关，书籍经过胶槽，使胶液浸入凹槽。最后返回至起始端，将封皮粘到书背上。

（4）托实书背，从卡槽中取出，完成胶订（图3-178）。

图 3-171

图 3-172

图 3-173

图 3-174

图 3-175

图 3-176

图 3-177

图 3-178

图 3-179

图 3-180

图 3-181

图 3-182

17. 三面光边

裁切的目的是规矩书籍尺寸，断开折页书帖连接处，并且纠正印刷、折页、装订过程中的偏差。使用裁刀在出血线以内，将天、地、书口的多余部分切除，进行光边。三面切书机在天、地、书口处各有一把切纸刀，可同时裁切（图 3-179）。本案例胶订后的书籍，可放入三面切书机，调节尺寸后，进行裁切（图 3-180、图 3-181、图 3-182）。

项目小结

本项目学习平装书制作方法，重点学习封面制作和内页制作。内页制作要求扉页和正文页结构清晰，层次分明，便于阅读。在其中使用疏密不同的装饰点缀，创造主次鲜明，节奏感强的版面；利用各章节主色调，创造出各章节风格的差异。旅游类书籍图片较多，如何处理图片，建立图片之间的秩序感，发挥出图片本身的美感，是我们要思考的问题。

课后练习

1）情景导入

中国旅游出版社将要出版《最美中国》系列丛书之四，《巴山蜀水》一书，详尽介绍素有"天府之国"之誉的四川，它是中国人文和自然景观集聚的旅游胜地。本书不同于传统的旅游图书，以新颖的视角切入，引人入胜的主线贯穿，配合诗意的文字与传神的彩图介绍了九寨沟、峨眉山、都江堰、乐山大佛、三峡等蜚声中外的名胜，带给读者身临其境的绝美感受。该书属于休闲类旅游书籍，此类书籍图片丰富、信息量大、版式活泼、色彩艳丽。现要求设计人员设计书籍封面和内页，并打印制作样本，装订成型。设计要求贴近市场，版面率高，色彩协调，具有一定的实用性。

2）设计要求

书籍开本：140mm×205mm。

印刷方式：四色。

使用 Adobe InDesign 建立文档，进行排版，最终保存为 PDF 格式样张。

项目四　精装书设计与制作——《人间四月天》

项目任务

1）情景导入

天津现代出版社近期推出的《传世经典美文》系列丛书，收录近代学者文士的经典文章，精心挑选的美文饱含作者的思想感情，使读者随着文字真切感受作者当时的内心与生活，接受民国特色的文艺熏陶。现在要推出这册《林徽因文集——人间四月天》，林徽因是中国现代文学史中的才女，本书选录了她的部分经典作品。作为新月派诗人，林徽因的作品注重新诗的格律。在这些清新的文字中，展现了她的才华、她的性格、她的信仰、她的爱情、她的事业，美丽之外的坎坎坷坷与灿烂辉煌。本书属于当代文学类书籍，文字优美，意境深远，展现作者内心的情感和历程。要求设计具有怀旧感，具有书卷气。能够充分体现女性细腻、清新的思想感情，以及精致唯美的视觉效果。

2）设计要求

书籍开本：135mm×205mm。

印刷方式：四色印刷。

装订方式：锁线订。

要求护封、扉页、敬献页、目录页等结构完备，输出为 PDF 文件，并拼版打印，最终装订成册，制作为精装书样本。

重点与难点

本项目重点练习精装书护封制作、扉页制作、锁线装订、书壳制作等设计与制作方法，掌握文学类的书籍设计知识。本项目难点是精装书籍结构和印后装订，精装书结构较为复杂，增加了飘口、勒口等结构，尤其是内封开料，如果计算有误，会影响印刷成本，造成很大损失。锁线装订是精装书特有的装订方法，其针线穿插过程较为复杂，需要学生反复练习。精装书样本的设计与制作是书籍装帧中较为高级的阶段，制作周期较长，需要学生耐心学习。

建议学时

16 学时。

4.1　精装书的概念与结构

精装书是一种相对于平装书的书籍样式，内配有硬底封面（纸板、卡纸等），外覆以织物、纸张或皮革等，制作成书壳，包裹书芯，具有较好的保护性（图 4-1、图 4-2 Liu Xiaoxiang 设计）。精装书通常采用锁线订，牢固结实，可装订较厚书籍，并且书籍展开幅面较大，画面完整。精装书比平装书耐用、久存，但工艺复杂、成本较高、价格较昂贵，因此常用于制作有较高学习和收藏价值的书籍（图 4-3、图 4-4 Isabel Seiffert 设计）。精装书普遍附有精美护封、腰封等附件。一些精装书还会配有函套，将书籍的五面或六面包裹住，加强了书籍的保护性（图 4-5 Coralie Bickford-Smith 设计、图 4-6）。

精装书的外部结构主要分成护封、内封（书壳）、书芯三部分。书芯和内封（书壳）的连接方法有粘接和套合两种。目前以粘接为主，少数工具书运用套合方法。

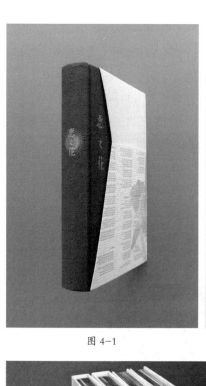

图 4-1　　　　　　　　　　　　图 4-2

图 4-3　　　　　　　　　　　　图 4-4

图 4-5　　　　　　　　　　　　图 4-6

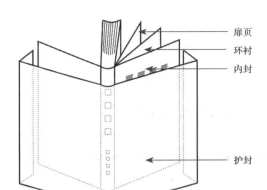

扉页

环衬

内封

护封

图 4-7

1. 精装书的结构

有护封、内封（书壳）、环衬、扉页等（图 4-7、图 4-8、图 4-9、图 4-10）。

2. 精装书的书脊

1）按方圆造型分类：精装书的书脊造型分为方圆两类。

（1）方形书脊

方形书脊的精装书不宜太厚，一般适用于 30mm 以内的书脊，超过此范围，尽量做成圆脊书（图 4-11、图 4-12 张莹设计）。

图 4-8

图 4-9

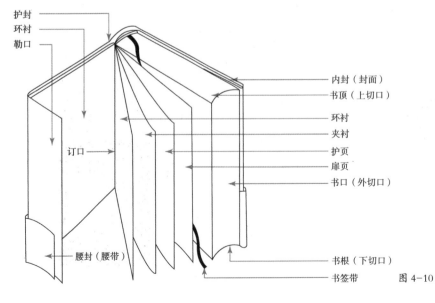

护封

环衬

勒口

订口

腰封（腰带）

内封（封面）

书顶（上切口）

环衬

夹衬

护页

扉页

书口（外切口）

书根（下切口）

书签带

图 4-10

（2）圆形书脊

书帖的排列略呈半圆形，分布在一个弧面上，书口处与书脊处凹凸对应。圆脊书是经过扒圆加工后，书脊成圆弧形的，一般以书芯厚度为弦与圆弧对呈130°为宜（图4-11、图4-12张莹设计）。

2）按真、假脊造型分类

有方形假脊、圆形假脊和圆形真脊三种。真脊是指书芯的书脊处，经过扒圆、起脊工艺，使书脊两端高于书芯其他部分，称为真脊；未经过起脊的书芯，仅仅使用卡纸或纸板高出书芯表面，造成书脊的效果，称为假脊（图4-13、图4-14）。

3）按书脊的黏接形式分类

有柔背装、硬背装、腔背装。前两种书芯和书壳的背部黏接，后者书芯和书壳的背部不黏接（图4-15、图4-16）。

3. 精装书内封（书壳）结构

内封（书壳）主要由中缝（书槽）、中径纸板、封面纸板、封底纸板、内封面料组成。其中封面纸板、封底纸板中含有飘口，它是精装书特有的结构（图4-17、图4-18）。

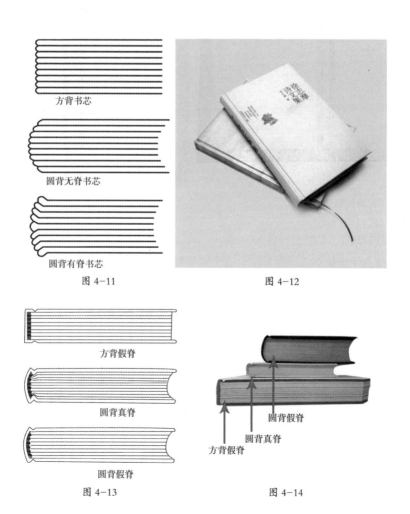

方背书芯

圆背无脊书芯

圆背有脊书芯

图 4-11

图 4-12

方背假脊

圆背真脊

圆背假脊

图 4-13

圆背假脊

圆背真脊

方背假脊

图 4-14

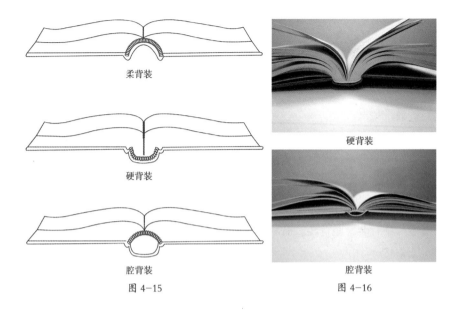

柔背装

硬背装

硬背装

腔背装

腔背装

图 4-15   图 4-16

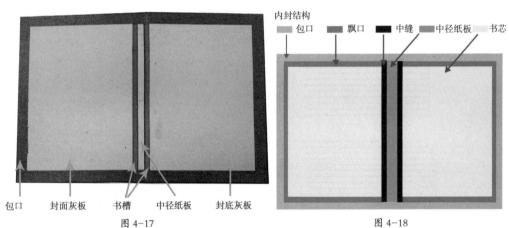

包口   封面灰板   书槽   中径纸板   封底灰板

图 4-17

内封结构

包口   飘口   中缝   中径纸板   书芯

图 4-18

1）飘口与包口

飘口：是指为了保护书芯不受损伤，书壳四周略大于书芯的部分，称为飘口。飘口的值通常设为 3mm。

包口：是指内封面料大于封面、封底、中径纸板的部分，用来折叠至内封背部，固定内封面料，保护边缘。包口常用值为 10 ~ 20mm。

2）中缝和书槽

中缝和书槽是同一位置，中缝是指书芯未上书壳之前，封面纸板和中径纸板之间的空隙，以及封底纸板和中径纸板之间的空隙。当书芯上壳后在此处压出凹槽，此时称为书槽。书槽经过压制后，其尺寸小于原中缝宽度。中缝和书槽都起到连接作用，便于书籍的开启、翻阅。

3）中径纸板（书背）

中径纸板是在封面、封底之间，在书背的位置。圆背书常用 120 ~ 180g/m² 的卡纸，方背书常使用纸板。

图 4-19　　后勒口　　　　　　　封底　　　　　书脊　　　　　封面　　　　　　后勒口

4）封面（底）纸板

通常采用 2 ~ 3mm 厚的灰板，封面纸板的计算方法是：

（1）封面纸板宽 = 书芯宽 –（中缝宽 – 纸板厚度 × 2）+ 飘口

（2）封面纸板高 = 书芯高 + 飘口 × 2

4.内封面料

内封面料构成内封表面，书籍封面、封底纸板和中径纸板均粘附在内封面料上。内封面料的材质非常丰富，分为纸质面料、涂布类面料、织物面料、皮革、非织物面料。例如铜版纸、特种纸、PVC 纸、漆纸、棉布、麻布、皮革等材料。

4.2　精装书的护封结构与内页结构

1.护封的作用

护封能保护内封，在通常情况下，书籍在运输、陈设的过程中必然会受到一些损害。有了护封遮挡就能减轻这种受损的情况，甚至可以更换护封，使书籍表面又恢复崭新的状态。护封上的图文能够介绍信息、帮助销售，几乎起到与封面相同的作用。

2.护封的结构与内容

护封结构包含：后勒口、封底、书脊、封面、前勒口部分（图 4-19）。其中勒口分为前后两个，每个勒口通常设置为 50 ~ 100mm，它是封面、封底书口边大于书壳边，并向内折的部分。原本用于精装书的护封与书壳的结合部分，起到夹住的作用，后也广泛应用于平装书。勒口除连接性外，也具有信息传达的作用。

1）前勒口的主要信息有：作者的简历和肖像，对该书的简短评论（介绍）。

2）后勒口的主要信息有：系列书的书名（图像）、宣传广告、对该书的评论（介绍）等信息。

3.内页的结构与内容

1）护页：连接环衬与内页，起到保护扉页的作用。一般保持空白或印有插图、标志、符号，也有的印上名言或口号，近年来一部分平装书也使用此结构。

2）扉页：如上所述，它是向读者介绍书名、作者名和出版社名的地方。在精装书籍中，如果采用了护页，正扉页通常会占两个页面——左右两页，而书名、作者名、出版社名等重要信息通常都放置在右页。

3）版权页：与平装书相同，在此不再重述。

4）赠献页：作者将此书献给某人或某事，或对某人表示感谢，用以抒发情怀。赠献页的设计要求端庄朴素，文字与正文字号相似，字数较少，并放在页面显眼的位置（图4-20、图4-21）。

5）前言页、目录页、章扉页等与平装书相同，在此不再重述。如下是一套书籍扉页（图4-22、图4-23、图4-24、图4-25、图4-26、图4-27 刘盛琳）。

图 4-20

图 4-21

护页、相页

图 4-22

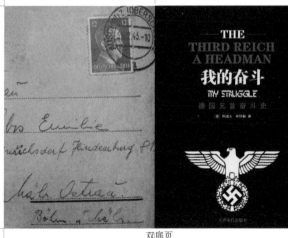

双扉页

图 4-23

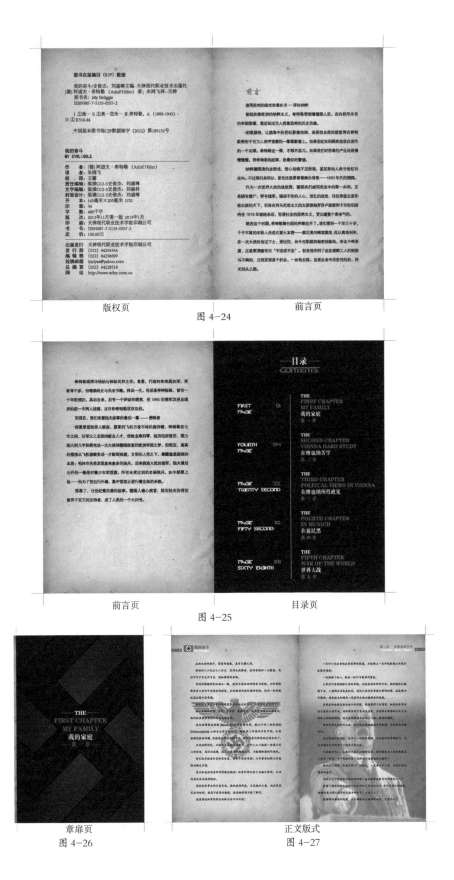

版权页　　　　　　　　　　　　前言页

图 4-24

前言页　　　　　　　　　　　　目录页

图 4-25

章扉页

图 4-26

正文版式

图 4-27

4.3　InDesign 基础知识

1. 字符样式

1）了解样式

在 InDesign 中样式是一种快捷的属性模板，让人们在繁杂的工作中，将统一的形式规则快速地附加在文字、图形之上，减少重复性的劳动，强调书籍的整体感。样式分为很多类型，有用于控制字符的字符样式、控制段落的段落样式、控制对象的对象样式等，但其操作方法基本一致。

2）创建字符样式

在控制文字时，主要使用字符样式和段落样式，字符样式主要针对单个的字、词、文章中短语、句子，将他们改变为一种相对特殊的字符形式。首先，要打开"字符样式"调板，点击【窗口】>【样式】>【字符样式】，即可打开调板（图 4-28）；或者点击【文字】>【字符样式】，也可打开调板。其次，点击调板底部的"创建新样式"（图 4-29），出现"字符样式1"，这就是新的样式（图 4-30）。

3）编辑字符样式

在"字符样式"调板中，双击左键选中新建的字符样式,在打开的调板上右侧栏中,选择【常规】栏更改样式名称（图 4-31）。"基于"是指是否以上一个字符样式为基础模板，在其之

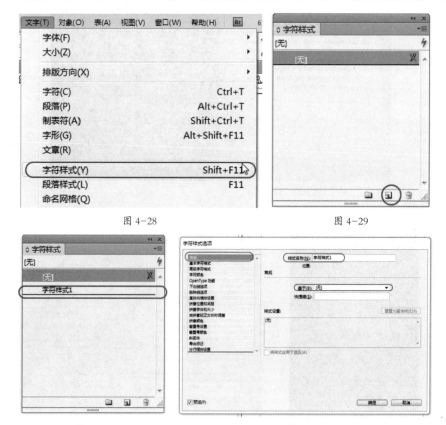

图 4-28　　　　　　　　　　　　　　　　　图 4-29

图 4-30　　　　　　　　　　　　　　　　　图 4-31

上更改。在【基本字符格式】栏（图4-32），可设定字体、字号、行距等信息。在【字符颜色】栏上（图4-33），可以设置不同颜色的文字。其他功能在此不一一赘述。

　　4）应用字符样式

　　在工具栏中选中【文字工具】，在文本框中选择相应的文字后，点击文本框中的新样式名称，就可使文字变化。如果在更改文本样式之前已经选中文字，在编辑"字符样式选项"面板时，勾选"预览"，就可以即时看到文字变化（图4-34）。

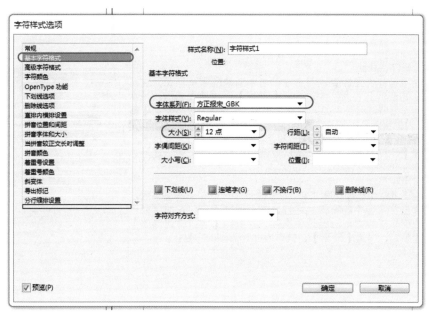

图4-32

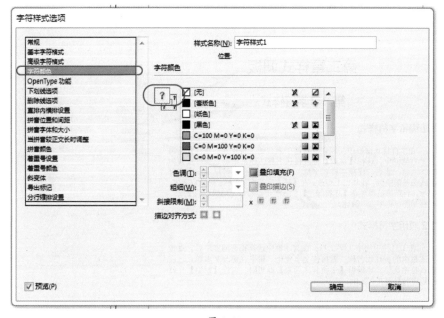

图4-33

2.段落样式

1）创建段落样式

在控制整段文字时，使用段落样式，主要针对一段文字的字体、字号、颜色、间距、行距、缩进、段前距、段后距等格式，设置属性模板，便于提高排版效率，如图4-35就是利用段落样式创建不同级别的标题。首先，打开"段落样式"调板，点击【窗口】>【样式】>【段落样式】，即可打开调板；或者点击【文字】>【段落样式】，也可打开调板。其次，点击面板底部的"创建新样式"，出现"段落样式1"，就是新的样式。

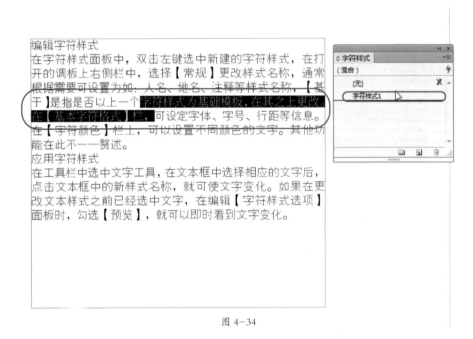

图 4-34

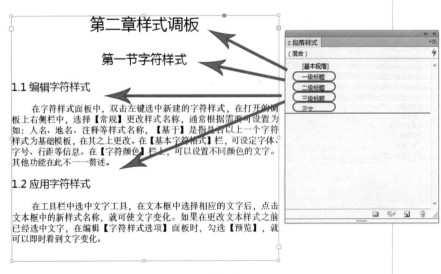

图 4-35

2）编辑段落样式

在"段落样式"调板中，双击左键选中新建的段落样式，在打开的调板上，右侧栏中，选择【常规】更改样式名称（图4-36），通常根据需要可设置为：一级标题、二级标题、三级标题、正文、引言、注释等样式名称，"基于"是指是否以某一个段落样式为基础模板，在其之上更改。在【基本字符格式】栏（图4-37），可设定字体、字号、行距等信息。在【缩进和间距】栏上（图4-38），可以设置左右缩进、段前距、段后距。在【首字下沉和嵌套样式】栏上，可以设置首字下沉。在【项目符号和编号】栏上，可以设置项目符号。其他功能在此不一一赘述。

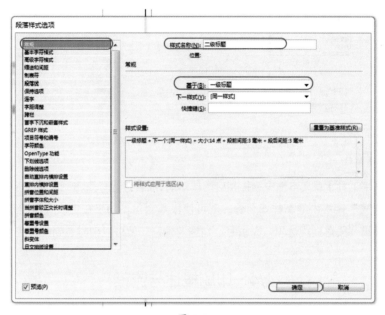

图 4-36

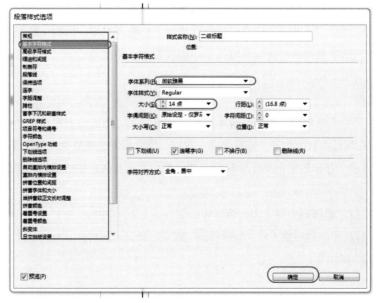

图 4-37

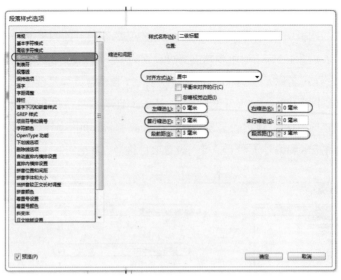

图 4-38

3）应用段落样式

使用【文字工具】在文本框中选择相应的段落后，或者将光标点击到段落文字中任意位置，点击"段落样式"调板中的新样式名称，就可使段落变化。如果在更改文本样式之前已经选中段落，在编辑"段落样式选项"面板时，勾选"预览"就可以即时看到段落变化。

4.4　印刷概述与流程

1. 印刷工艺

书籍装帧并不能只停留在设计方案阶段，无论电子方案多么漂亮，最终要使用纸张作为载体，通过印刷过程，通过装订成型，最终形成固态的物质书籍。因此书籍最终的形态是由印刷来决定的，读者看到的书籍质量也是由印刷决定的，印刷是书籍装帧最后一道至关重要的环节。

2. 印刷流程

印刷流程关乎书籍的设计思路、成本把控、质量效果，因此，书籍设计者一定要了解印刷流程，以便在设计中有的放矢、有章可循。我们一般将印刷流程分为三个阶段（图 4-39）：

1）印前阶段：指印刷前期工作，包括图片处理、文字录入、版式设计、拼版打样、打印输出等。

2）印中阶段：指印刷中期工作，包括印刷制版、上版印刷等。

3）印后阶段：指印刷后期工作，包括折页、配页、装订、裁切、上光、覆膜、烫印、压痕、UV、模切、凹凸压印等。

3. 印刷要素

印刷的五大要素：原稿、印版、油墨、承印物、印刷机械（图 4-40）。

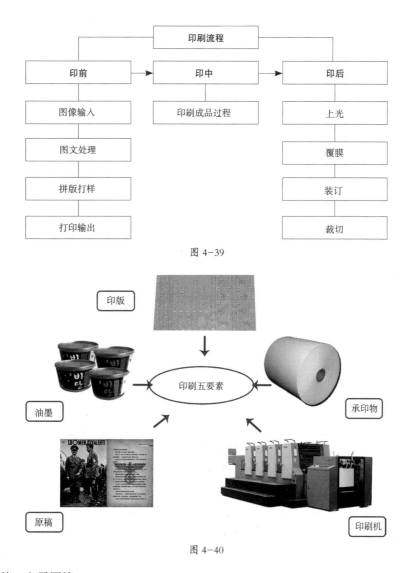

图 4-39

图 4-40

1）原稿：电子原稿。

2）印版：按着墨方式不同，分为凸版、平版、凹版、孔板。

3）油墨：按照印版不同可分为凹版油墨、胶印油墨、凸版油墨、孔版油墨；按照油墨性能可分为水性油墨、油性油墨。

4）承印物：纸张、木材、玻璃、电路板等。

5）印刷机械

（1）按印版不同分为：凸版印刷机、平版印刷机、凹版印刷机、孔版印刷机。

（2）按色数不同分为：单色印刷机、双色印刷机、四色印刷机、五色印刷机等。

（3）按供纸系统不同分为：单张印刷机、卷筒印刷机。

（4）按压印方式不同分为：平压平印刷机、圆压平印刷机、圆压圆印刷机。

（5）按印版和压印方式不同分为：平版平压平、平版圆压平、圆版圆压圆印刷机。

（6）按幅面不同分为：整开、对开、四开、八开印刷机等。

4.5　印后工艺流程

随着人们的审美要求不断提高，人们希望看到精美的印刷品。除了印前的图文处理外，要从印刷和印后工艺方法中寻求更多创新与突破。

1. 印后工艺分为：

1）美化装饰加工：上光、覆膜、凹凸压印、烫印等，主要针对封面加工。

2）装订成型加工：折页、配页、装订、裁切、压痕等，主要针对书籍整体造型加工。

2. 美化装饰加工的种类

1）覆膜

覆膜是指将涂有胶的塑料薄膜黏贴在印刷物表面。经过加热、加压，使其成为纸塑合一的印刷物。此工艺不仅有美化作用，还能防水、耐脏，增加书籍的使用寿命（图4-41、图4-42）。

2）UV上光

UV上光是指将上光油墨涂布在印刷品表面后，经紫外线照射，上光油会在很短时间内固化（图4-43 Francis Nirmalan设计、图4-44 ENZED设计）。

3）凹凸压印

采用具有图文的凹凸印模，在压力下对承印物表面产生永久性挤压变形，而形成的浮雕

图4-41

图4-42

图4-43

图4-44

状立体效果。书籍装帧中，常用来装饰封面（图 4-45 Trapped in suburbia 设计、图 4-46 Albert Folch 设计 ）、（ 图 4-47、图 4-48、图 4-49 ）。

4）烫印

烫印是用加压、加热的方法，将剥离层融化，胶粘层融化，通过压印胶黏层与承印物结合，镀铝层和着色层留在承印物上。承印材质也要精心挑选，有些材质烫印效果不好（图 4-50 敬人工作室、图 4-51 Liu Yongqing 设计、图 4-52 Torgeir Hjetland 设计 ）。

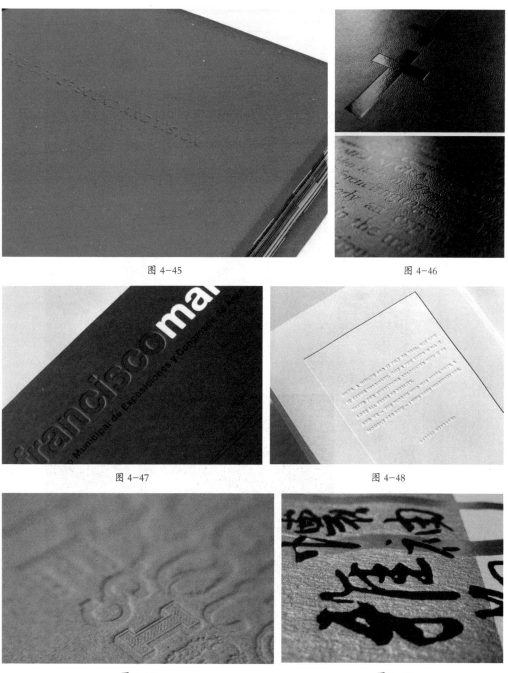

| 图 4-45 | 图 4-46 |

| 图 4-47 | 图 4-48 |

| 图 4-49 | 图 4-50 |

5）网印 UV

用丝网印刷，使用 UV 油墨，具有特殊效果，如网印磨砂（油墨中有凹凸沙点）、网印七彩水晶（油墨晶莹有闪光点）、网印折光（油墨在镜面承印物上有折光效果）等（图 4–53、图 4–54）。

6）模切

模切是用模切刀根据产品设计要求，组合成各种形状的模切版，加压力后，将承印物切成需要的形状。压痕与模切相似，压出槽痕，方便后期加工。模切和压痕可在一个版面上同时使用，称为模压（图 4–55 Denis Kovac 设计、图 4–56 Bryan Edmondson 设计、图 4–57 Christoph Almasy 设计）、（图 4–58、图 4–59 Bobby Burrage 设计）。

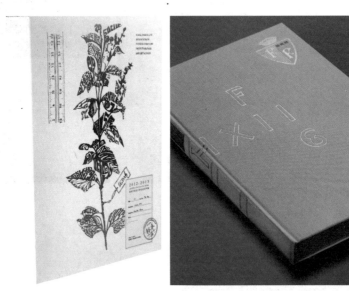

图 4–51　　　　　　　　　　　　　　　　　　　图 4–52

图 4–53　　　　　　　　　　　　　　　　　　　图 4–54

图 4-55

图 4-56

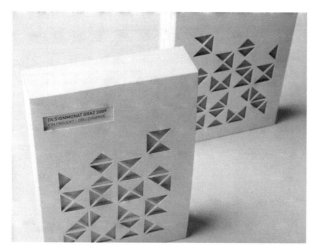

图 4-57

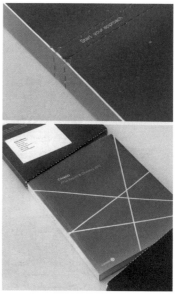

图 4-58

图 4-59

3. 装订成型加工的种类

1）折页

印刷完成的印张，要按照拼版时的折页方式进行折页，可以采用手工折叠或机器折叠。手工折叠要配合刮板使用，机器折叠分为栅栏式折页、刀式折页等种类（图 4-60）。

（1）折页的方式有很多，大体分成平行折、直角折、混合折。

（2）折页机工作原理有三种：栅栏式折页原理、刀式折页原理、刀栅混合式原理（图 4-61）。

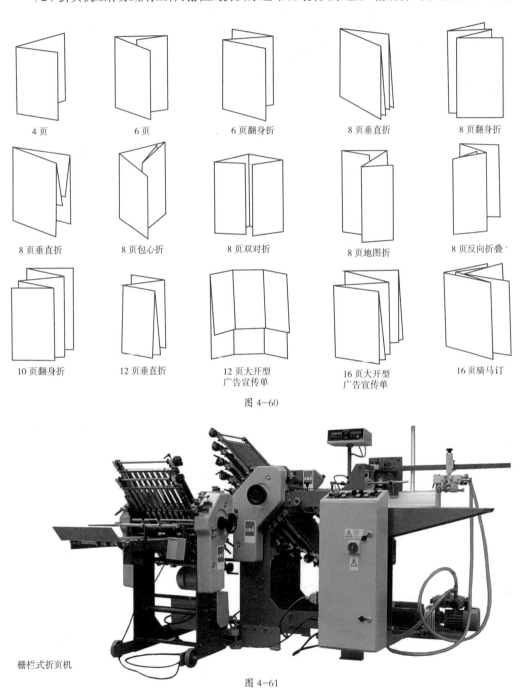

| 4页 | 6页 | 6页翻身折 | 8页垂直折 | 8页翻身折 |

| 8页垂直折 | 8页包心折 | 8页双对折 | 8页地图折 | 8页反向折叠 |

| 10页翻身折 | 12页垂直折 | 12页大开型广告宣传单 | 16页大开型广告宣传单 | 16页骑马订 |

图 4-60

栅栏式折页机

图 4-61

2）配页

书是由书芯和封面组成。书芯则是由书帖组成。通常一本书是由许多书帖再加附加页（零头页、插页等）组合而成。配页就是把已折好的全书所有的书帖，按顺序叠配齐全，以准备装订。配页通常分为配书帖和配书芯。

（1）配书帖：把附加页按页码的顺序，黏贴或者套入书帖称为配书帖。附加页包括环衬页、插页、零头页。

（2）配书芯：把折叠好的书帖，按页码顺序配成册。分为两种：第一是套配法（骑马订）（图4-62），先拿住最中间的书贴，从里向外一贴贴地套在外面；第二种叠配法（胶订、锁线订）（图4-63），按贴标依次叠加，配成书芯。

3）装订

装订是将书籍内页用不同的材质和工艺集合起来，呈现书籍的外观状态。书籍的装订按照工艺分类：骑马订、胶订、锁线订等。另有中式线装、环订等。

（1）骑马订

骑马订是在书籍对页折叠后的中缝上，从外向内装订金属线，由于在配书帖过程中像骑马一样，一个个的叠加，因此成为骑马订。这种装订采用套配法，没有书脊，容纳页数较少，但快捷方便，成本较低。

（2）胶订

无线胶订，是不用金属丝和线，仅用胶将书籍黏贴连接的装订方法。胶订比骑马订容纳更多的页面，但与锁线订相比，胶订的页面容量也有限，不适宜做过于厚的书籍。因此胶订适宜于薄厚居中，价格较低，无须长期保存的书籍，现主要用作平装书的装订方式。

（3）锁线订

锁线胶背订，将所有配好的书帖穿针引线地连接在一起，并在书背涂胶，称为锁线胶背订。这种装订方法可容纳大量的页面，书帖展开幅面大，牢固度高，使用寿命长，常作为精装书的装订方法。但其成本高，小型工厂少有自动锁线机，常用人工代替。按照锁线订方法可以分为：平锁、交叉锁（图4-64、图4-65、图4-66、图4-67）。

4）裁切

裁切是规矩书籍尺寸，断开书帖折页处，纠正印刷、折页、装订过程中的偏差，使用裁

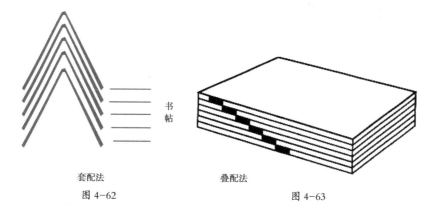

套配法
图4-62

书帖

叠配法
图4-63

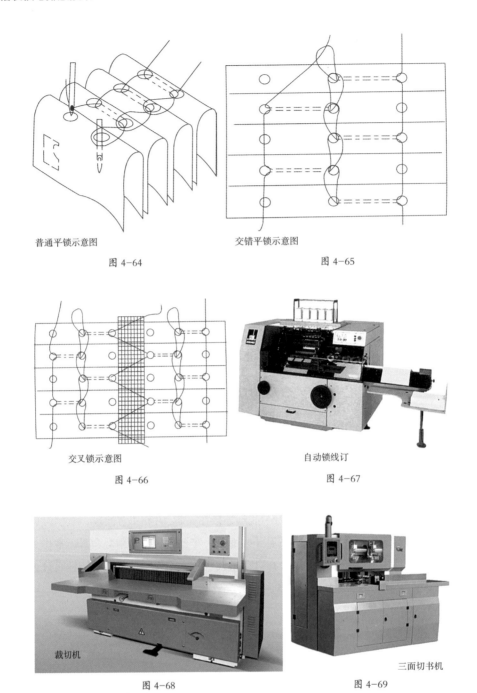

普通平锁示意图

图 4-64

交错平锁示意图

图 4-65

交叉锁示意图

图 4-66

自动锁线订

图 4-67

裁切机

图 4-68

三面切书机

图 4-69

刀在出血线以内，将天、地、书口的多余部分切除，进行光边。经常使用单面切纸机、三面切书机（图 4-68、图 4-69）。

5）扒圆、起脊

如果要制作圆背真脊书，需要使用扒圆、起脊工序。将书芯的背部及书口加工成圆弧形，称为扒圆。把书芯用夹板加紧压实，将书芯的圆角的两个端点挤压出脊垄，使书脊略向外鼓起称为起脊。

4.6 项目制作

1. 方案计划

文学类书刊可分为诗歌、小说、散文、戏剧等，此类书籍风格或淡雅或厚重，具有书卷气息。本书即是文学类书刊，作者为一代才女林徽因，她集美貌与才智于一身，是民国时代传奇般的女子，人们感兴趣的不仅仅是她的文学，还有她的人生。因此在设计中除了应有的文学性以外，还要突出林徽因的形象，具有女性的细腻、婉约的气息，以区别于其他文学家深沉、悲悯的气质，更贴近于大众的审美需求。

本书属于经典著作，可作为阅读与收藏使用，适于做成小型开本的精装书；同时由于其中收录部分诗歌作品，开本倾向于窄长形状，因此设定为 32 开，尺寸 135mm×205mm，可使用 870mm×1092mm 的纸型。本书页数较少，无须扒圆、起脊，因此适合制作为方背假脊的精装书型。

2. 护封设计

1）计算护封尺寸

如上所述，由于该书是精装书，其护封与内页尺寸不相等，需要加入飘口的尺寸，并设定飘口的尺寸为 3mm。本书文字内容约为 112 页，采用 128g/m² 铜版纸，书芯厚度约为 7mm，本书采用 2mm 厚度的灰板。

（1）计算封面宽度，应用公式：护封宽度 = 书芯宽 ×2+ 飘口 ×2+ 勒口 ×2+（书芯厚度 + 纸板厚度 ×2）+ 出血 ×2，代入数值 135mm×2+3mm×2+50mm×2+（7mm+2mm×2）+3mm×2=393mm。

图 4-70

（2）计算封面高度，应用公式：护封高度 = 书芯高 + 飘口 ×2+ 出血 ×2，代入数值 205mm+3mm×2+3mm×2=217mm。因此护封宽是 393mm，护封高是 217mm（图 4-70）。

2）护封设计应趋向于典雅、精致。底图采用西式花纹，采用林徽因早年照片，以剪影方法勾勒出她的曼妙身姿，配合右侧屋檐、墙柱图形，好像作者正依门眺望,仿佛沉浸在期待之中，让读者浮想联翩（图 4-71）。

3. 内封设计采用特种纸制作内封书壳,将书名、作者名设计为标签,将其黏贴在封面上（图 4-72）。

4. 制作相页、双扉页、版权页、敬献页、前言页（图 4-73、图 4-74、图 4-75、图 4-76、图 4-77）。

5. 制作章扉页、正文页、目录页（图 4-78、图 4-79、图 4-80、图 4-81），请参照教学视频 4-1（制作段落样式）、教学视频 4-2（应用段落样式）、教学视频 4-3（制作自动目录页）。

图 4-71

图 4-72

图 4-73

图 4-74

图 4-75

图 4-76　　　　　　　　　　　　　图 4-77

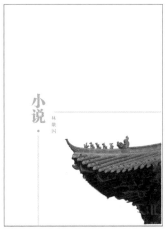

图 4-78　　　　　图 4-79　　　　　图 4-80

图 4-81

图 4-82

6. 文字轮廓化、图片嵌入、输出 PDF

1）文字轮廓化

逐一选择文本框架,选择【文字】>【创建轮廓】,此时文字已成为路径图形,不能再使用文字工具更改。

2）图片嵌入

打开【窗口】>【链接】,打开"链接"调板,查看链接图像的信息。在输出前需要将图像嵌入文档中,使图像一直跟随文档而不丢失。在图片名称上单击右键,选择"嵌入链接",此时文件后出现嵌入图标。

3）输出 PDF

点击【文件】>【导出】,在导出对话框中"保存类型"下拉菜单中选择"Adobe PDF（打印）",点击"确定"。在打开的"导出 Adobe PDF"对话框中选择【常规选项卡】,选用"页面"（单页）（图 4-82）。

7. 将导出的文件拼版、打印

拼大版,由于该项目制作样本时,受到激光打印机尺幅限制（最大尺幅是 A3 幅面）,为了模拟对开印刷机的效果,因此需要两个书帖套合在一起增加书帖的厚度,再按书帖的顺序依次排列,也就是先用套配法,再用叠配法,两者混用（图 4-83、图 4-84、图 4-85、图 4-86）。使用激光打印机打印,采用 $128g/m^2$ 铜版纸,正背打印 A3 幅面印张。

8. 折页与配页

在本案例中制作样本,采用 A3 幅面激光打印机打印,每一印张可折叠为 8P,采用于工折叠方法,依次折叠。为了模拟对开幅面印刷机折页,此样本制作采用套叠结合的折页方法,每一套贴可有 16P（图 4-87）。折叠后首先配书帖,将折叠好的两个印张相互套合,形成一个

第一套贴 印张1正面　　　第一套贴 印张1背面

图 4-83

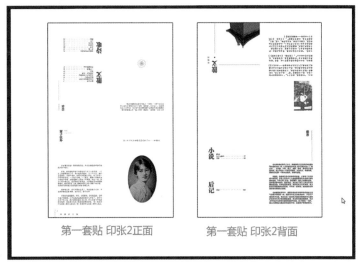

第一套贴 印张2正面　　　第一套贴 印张2背面

图 4-84

第二套贴 印张1正面　　　第二套贴 印张1背面

图 4-85

第二套贴 印张2正面　　　第二套贴 印张2背面

图 4-86

书帖（图4-88）。其次配书芯，把折叠好的书帖，按页码顺序配成册（图4-89）。依次将书芯排列整齐，检查是否有错帖、乱贴（图4-90）。请参照教学视频4-4（精装书印刷与加工）。

9.锁线装订

书籍配好书帖后，进行锁线装订。本项目采用手工锁线订的方法，以强化学生对于装订的理解，在操作过程中，体会印刷工艺所带来的美感。

1）需准备铅笔、格尺、针线等工具，初学者还可准备夹子、曲别针等辅助工具，熟练者不需使用。

2）手工锁线订的工艺流程

（1）铅笔画线

使用铅笔、格尺在书脊处画线，注意划线位置，应距离天头、地脚1/5处，两条线之间距离20mm左右，线条画出后，在书帖上留下一个个点，这些点就是穿针引线的位置。

（2）用针打孔

使用针，由A1～A4，到B1～B4依次打孔。（图4-91、图4-92）

（3）用针穿线

首先，针线从A1点进入，经过书籍内部，到B1点穿出，并形成锁套C1（图4-93）；从B1返回，穿入到书帖内部，从A1点穿出（图4-94）。

其次，针线从A2点进入，经过书籍内部，到B2点穿出；穿过锁套C1，并形成锁套C2后，穿回锁套C1（图4-95）；从B2返回，穿入到书帖内部，从A2点穿出。

图4-87

图4-88

图4-89

图4-90

最后，针线从 A3 点进入，经过书籍内部，到 B3 点穿出；穿过锁套 C2，并形成锁套 C3 后，穿回锁套 C2；从 B3 返回，穿入到书帖内部，从 A3 点穿出。在此期间，初学者可用曲别针挂住锁套，防止锁眼脱落。此后，依次串连，在最后一贴的位置打结锁定（图 4-96、图 4-97）。

10. 刷胶浆背

在装订好的书脊处，可以手工刷胶，也称浆背，起到初步定型的作用。也可以用胶订机上胶，可快速定型书脊。

11. 黏环衬纸

1）环衬纸：连接书芯和书壳的衬纸。书壳封面、封底各有一张环衬纸，将书芯和书壳

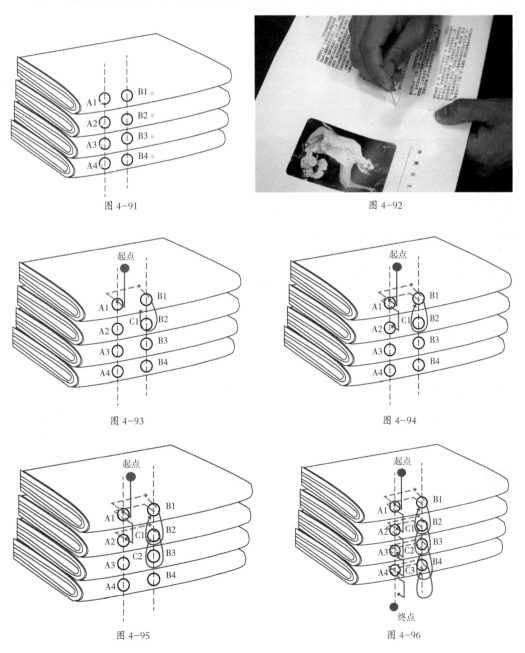

图 4-91

图 4-92

图 4-93

图 4-94

图 4-95

图 4-96

黏接在一起。与封面书壳相连的称为前环衬，与封底书壳相连的称为后环衬。在实际应用中，精装书的环衬设计也很讲究，大多数采用特种纸，其花纹、肌理、风格要与书籍整体保持一致。

2）制作方法

（1）在书芯正面靠近书脊一边刷胶，将环衬纸相对折叠，将前环衬黏在书芯上。

（2）在书芯背面，重复以上动作，将后环衬黏在书芯上（图4-98、图4-99）。

12. 三面光边

三面切书机：是书刊专用的切书机，三面切书机在天、地、书口处各有一把切纸刀，可同时裁切。本案例的书籍可放入三面切书机，调节尺寸后，进行裁切（图4-100、图4-101）。

13. 贴书背

在书背上粘堵头布、纱布、书签带、中径（书背）纸。

1）黏纱布：黏贴纱布可以增强书籍的耐折度，防止书背和封面、封底之间断裂，延长使用寿命。纱布的宽度比书背宽多40mm左右，纱布的高度比书背低40mm左右。先将胶液涂在书背上，再将纱布黏在书背正中（图4-102）。

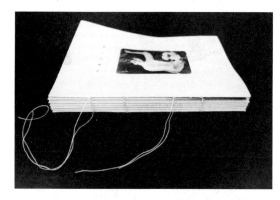

图 4-97

图 4-98

图 4-99

2）书签带：书签带要比书芯对角线长 30mm 左右，颜色要与书籍设计搭配。将书签带黏贴到天头的堵头布位置，并将它夹入书芯中（图 4-103）。

3）黏堵头布：堵头布是为了防止损伤书籍天头、地脚两端，起保护作用。黏贴时堵头布凸起处朝向书脊两端边缘（图 4-104）。

4）黏中径（书背）纸：中径纸是为了增强纱布以及堵头布的牢固度。中径纸的高度要低于书背 30mm 左右，宽度与书脊同宽（图 4-105）。

图 4-100

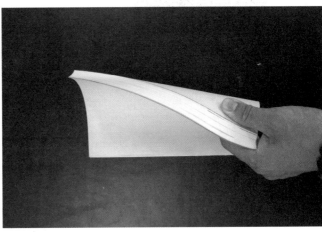

图 4-101

图 4-102

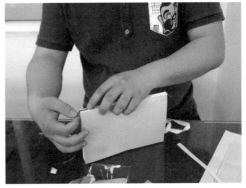

图 4-103

图 4-104

图 4-105

图 4-106

14. 制作书壳

1）书壳制作可分为机械制书壳、手工制书壳两种。制书壳机主要由刷胶机构、封面和纸板输送机构、包边和包角机构、压实及输送机构等组成。完成从输料到精装书壳制作完成的全部工作。手工制书壳成本较低，但要求技术熟练，本项目采用手工制书壳方法。

2）工具与开料

（1）手工制书壳的准备工具

铅笔、直尺、刀具、刷子、胶、抹布、内封纸（特种纸）（图 4-106）。

（2）内封纸开料

设置参数为内页尺寸 135mm×205mm，中缝宽为 10mm，书槽宽为 6mm，包口常用值为 15mm。（本书文字内容约为 112 页，采用 128g/m² 铜版纸，书芯厚度约为 7mm，本书采用 2mm 厚度的灰板）（图 4-107）。

内封面料宽度，应用公式：内封面料宽度 ={ 书芯宽 −（中缝宽 − 纸板厚度 ×2）+ 飘口 }×2+{ 书芯厚度 + 纸板厚 ×2}+ 中缝 ×2 + 包口 ×2，代入数值：{135mm−（10mm−2mm×2）+3mm}×2+{7mm+2mm×2}+10mm×2+15mm×2=325mm。

内封面料高度，应用公式：内封面料高度 = 书芯高 + 飘口 ×2 + 包口 ×2，代入数值：205mm+3mm×2+15mm×2=241mm。

（3）方背中径纸板开料

中径纸板高，应用公式：中径纸板高 = 书芯高 + 飘口 ×2，代入数值：205mm+3mm×2=211mm。

中径纸板宽，应用公式：中径纸板宽 = 书芯厚 + 纸板厚 ×2，代入数值：7mm+2mm×2=11mm。

（4）书壳封面（底）纸板（图 4-108）

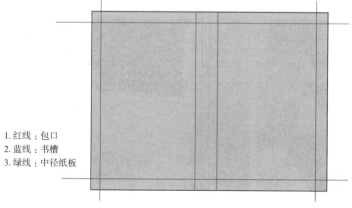

1.红线：包口
2.蓝线：书槽
3.绿线：中径纸板

图 4-107

图 4-108

封面纸板宽,应用公式:封面纸板宽 = 书芯宽 –(中缝宽 – 纸板厚度 ×2)+ 飘口,代入数值:135mm–(10mm–2mm×2)+3mm=132mm。

封面纸板高,应用公式:封面纸板高 = 书芯高 + 飘口 ×2,代入数值:205mm+3mm×2=211mm。

3)手工书壳制作流程

(1)按照计算尺寸裁切中径纸板、封面、封底纸板、裁切内封纸。

(2)按照计算尺寸制作黏贴模板,或者在内封纸上用铅笔画线,画出黏贴范围(图 4–109)。

(3)灰板刷胶黏入相应位置,用抹布擦平(图 4–110)。

(4)护封纸四角裁切,与灰板之间,留 2mm 距离(图 4–111)。

(5)护封纸四边刷胶,折叠黏贴至背后(图 4–112、图 4–113)。

图 4–109

图 4–110

图 4–111

图 4–112

15. 上书壳

手工上书壳方法，以方背假脊为例，步骤如下：

1）刷胶、套壳

在中缝和中径纸板上刷胶，将书壳对齐位置，轻轻放入，检查各个方向的飘口与书芯位置是否均匀。

2）压槽

压槽是在书籍的前、后内封和书脊联接的中缝部位压出一条宽约 6mm 的软质书槽，便于书壳翻开。采用压槽机压槽，在产生压力的同时还可加热，促进黏接（图 4-114、图 4-115）。

3）上环衬

将环衬纸与书壳黏接，称为上环衬。先在书壳上刷胶，注意上下边距，再将环衬黏在书壳上，用抹布擦平整（图 4-116、图 4-117）。

16. 黏书名签

将打印好的书名签，剪裁出轮廓形状，粘贴在内封上（图 4-118）。大批量制作时，可以采用模切版。

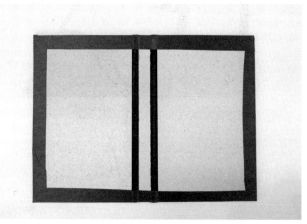

图 4-113

图 4-114

图 4-115

17. 上护封

上护封是制作精装书籍的最后一道工序。将护封覆膜，按书壳的大小面积和各部分位置压痕、折叠后，套在书籍外面（图 4-119、图 4-120、图 4-121、图 4-122、图 4-123）。

图 4-116　　　　　　　　　　　　　　　　图 4-117

图 4-118　　　　　　　　　　　　　　　　图 4-119

图 4-120　　　　　　　　　　　　　　　　图 4-121

图 4-122　　　　　　　　　　　　　　　　图 4-123

项目小结

本项目学习精装书的制作方法。精装书工艺复杂，它强化了书籍的方便性、保护性，其复杂的结构、繁琐的工艺、精致的细节，本身就体现了一种美感。学习手工装订精装书的方法，能够促使我们理解工艺与设计之间的关系，所谓设计不仅仅是图文漂亮、版式优美，不仅仅是给人们带来视觉上的冲击力，设计应是对功能的完善、优化、创新。虽然书籍体积很小，但我们仍然需要像个建筑工程师一样，精心考虑结构框架，促使各部分合理、坚固、稳定。"装帧"二字强调了工学、工艺的重要性，而初学设计者往往容易忽视这一点，片面地追求文字、图像的视觉效果，导致偏离了书籍装帧的本质。因此，如同孔子所言"文胜质则史，质胜文则野"，应追求的"文质彬彬"才是最终目的。

课后练习

1）情景导入

天津现代出版社近期推出《传世经典美文》系列丛书，收录近代学者文士的经典文章，现在要推出一册《倾城之恋》，收录张爱玲于 1943 年至 1944 年创作的中短篇小说，包括《第一炉香》《第二炉香》《茉莉香片》《心经》《倾城之恋》等。张爱玲，她是中国文学史上的奇葩，在她极富传奇的一生中，有绚丽惊世的成名过往，有痴心不悔的爱情经历，还有离群索居的人生迟暮。夏志清、傅雷都曾高度赞扬张爱玲的作品。本书属于当代文学类书刊，文笔冷静，情节动人，小说中往往蕴藏着悲凉的情怀。要求设计具有文学性、书卷气。能够充分体现女性细腻的感情，略有幽怨、感伤、唯美、怀旧的视觉效果。

2）设计要求

书籍开本：205mm×135mm。

印刷方式：四色印刷。

印后装订：锁线胶背订。

要求护封、扉页、敬献页、目录页等结构完备，输出为 PDF 文件，并打印制作，最终装订成册，制作成精装书样本。

参考文献

[1]　《Book Meeting》.Hao wangshu. DESIGNERBOOK.

[2]　《IMPRINT2》SANDU.

[3]　吕敬人 . 书籍设计基础 [M]. 北京：高等教育出版社 .

[4]　雷俊霞 . 书籍设计与印刷工艺实训教程 [M]. 北京：人民邮电出版社 .